LEONARDO GONÇALVES RIMSA

ESTUDO DETALHADO DAS FUNÇÕES AFINS E QUADRÁTICAS

EDITORA CIÊNCIA MODERNA

Estudo Detalhado das Funções Afins e Quadráticas

Editor: Paulo André P. Marques
Produção Editorial: Dilene Sandes Pessanha
Capa: Daniel Jara
Diagramação: Daniel Jara
Copidesque: Equipe Ciência Moderna

FICHA CATALOGRÁFICA

RIMSA, Leonardo Gonçalves.

Estudo Detalhado das Funções Afins e Quadráticas

Rio de Janeiro: Editora Ciência Moderna Ltda., 2022.

1. Matemática
I — Título

ISBN: 978-65-5842-162-7 CDD 510

Editora Ciência Moderna Ltda.
R. Alice Figueiredo, 46 – Riachuelo
Rio de Janeiro, RJ – Brasil CEP: 20.950-150
Tel: (21) 2201-6662/ Fax: (21) 2201-6896
E-MAIL: LCM@LCM.COM.BR
WWW.LCM.COM.BR **04/22**

"A álgebra é generosa: frequentemente ela dá mais do que se lhe pediu."

D'Alembert

SUMÁRIO

Introdução

O conceito de função real de uma variável real (funções $f: \mathbb{R} \to \mathbb{R}$) é trabalhado na educação básica brasileira, em geral, no final do ensino fundamental, e aprofundado durante o ensino médio. As funções afins e quadráticas (que eram chamadas há um tempo de função de primeiro e de segundo grau, respectivamente) são os exemplos de funções polinomiais que são estudadas neste nível de ensino. Em sala de aula, o professor trabalha com seus estudantes várias propriedades destas funções, como por exemplo:

- Função Afim: gráfico, crescimento e decrescimento, raiz, interceptos do gráfico, estudo de sinais.
- Função Quadrática: gráfico, concavidade, crescimento e decrescimento, raízes e interceptos, vértice e valor extremo, estudo de sinais.

Muitas vezes, algumas destas propriedades não são justificadas nos livros didáticos com o rigor matemático necessário. E, fora o livro didático, há uma carência de materiais que provem ou justifiquem com mais rigor as propriedades destas funções trabalhadas neste nível de ensino. Várias vezes, desenhos ou gráficos são colocados como forma de “convencer” sobre certas propriedades, sem demonstrá-las corretamente.

Pois bem. O objetivo deste trabalho é fornecer ao professor da educação básica (principalmente do ensino médio) demonstrações das propriedades corriqueiras das funções afins e quadráticas, que são discutidas com os alunos em sala de aula. Em síntese, fazer uma análise com detalhe e rigor formal dessas funções. É importante ressaltar que esta é uma obra escrita para o aprimoramento do professor, que deseja conhecer um pouco mais sobre o que ensina.

As demonstrações e discussões contidas aqui utilizam, basicamente, a axiomática que define o conjunto dos números reais como corpo ordenado, e as propriedades decorrentes desta axiomática, ou seja, utilizamos as propriedades usuais de números reais. Isso faz com que vários dos teoremas propostos aqui continuem válidos se o domínio da função fosse outro corpo ordenado, como $\mathbb{Q}$. Por exemplo, uma função $f: \mathbb{Q} \rightarrow \mathbb{Q}$ dada por fórmula do tipo $f(x) = ax + b, a, b \in \mathbb{Q}$, também é crescente se $a > 0$ e decrescente se $a < 0$, pois esta demonstração utiliza apenas as propriedades de corpo ordenado. Os pontos correspondentes ao gráfico desta função também estão em linha reta.

Uma caracterização mais completa de $\mathbb{R}$, que o coloca na categoria de corpo ordenado completo não será feita aqui, pois foge ao escopo da educação básica. É este o fato que distingue $\mathbb{R}$ de $\mathbb{Q}$. Além disso, não trabalharemos nesta obra com questões relativas ao estudo local das funções reais, como conceitos de limites e continuidade, referentes à Análise Matemática. Portanto, uma discussão acerca de temas como a continuidade das curvas que representam os gráficos das funções afins e quadráticas não será abordada neste texto. Então, podemos dizer que, aqui, discutiremos as propriedades das funções utilizando as propriedades de números que são acessíveis à educação básica. Apesar disso, nada impede que o professor discuta com seus alunos, de forma "intuitiva" e sem muito rigor formal, fatos como a correspondência biunívoca existente entre o conjunto $\mathbb{R}$ e os pontos de uma reta ou a continuidade da reta e da parábola que são os gráficos das funções afins e quadráticas, respectivamente.

Nesta obra, o primeiro capítulo é dedicado ao estudo da função afim. O segundo é dedicado à função quadrática. Ao final, temos um apêndice, que revisa os conjuntos numéricos, define o conceito de corpo, corpo ordenado e deduz algumas propriedades dessas estruturas algébricas, que são utilizadas nos dois primeiros capítulos, nas demonstrações das propriedades das funções. Se o leitor não tem familiaridade com elas, deve ler o apêndice antes dos capítulos 1 e 2.

Bons estudos!

O autor

Capítulo 1- Função Afim

1.1. Função Constante

Definição: Damos o nome de função constante a toda função $f: \mathbb{R} \rightarrow \mathbb{R}$ dada por $f(x) = b$, $\forall x \in \mathbb{R}$, onde b é uma constante real.

Não é difícil ver que o gráfico de uma função deste tipo é sempre uma reta PARALELA ao eixo das abscissas.

Ex: $f(x) = 2$

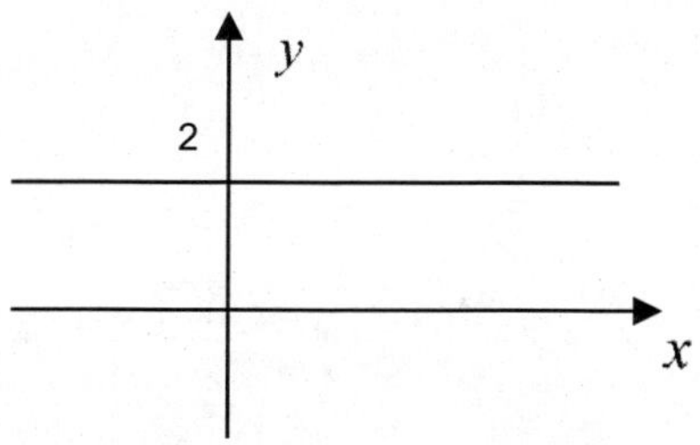

1.2. Função Afim

Definição: Damos o nome de função afim a toda função $f: \mathbb{R} \rightarrow \mathbb{R}$ dada por $f(x) = ax + b, \forall x \in \mathbb{R}$, onde a e b são constantes reais e $a \neq 0$.

Em síntese, é toda função real de variável real com fórmula do tipo $f(x) = ax + b$ (ou $y = ax + b$), com $a \neq 0$. Nela, x é chamada de VARIÁVEL INDEPENDENTE e y de VARIÁVEL DEPENDENTE.

A primeira propriedade que discutiremos refere-se ao gráfico de uma função afim, que sabemos ser sempre uma RETA. É o objeto de análise da próxima seção.

1.3. Gráfico da Função Afim

O próximo teorema mostra que os pontos do plano que fazem parte de uma reta (não horizontal e não vertical) satisfazem sempre a uma equação do tipo $y = ax + b$, com $a \neq 0$.

Teorema 1 : Se λ é uma reta não horizontal e não vertical do plano cartesiano, então seus pontos satisfazem a uma equação do tipo $y = ax + b$, com $a, b \in \mathbb{R}$ e $a \neq 0$.

Demonstração: Seja λ uma reta (não horizontal e não vertical) do plano cartesiano. Um axioma conhecido da Geometria Euclidiana Plana nos diz que uma reta fica univocamente determinada por dois de seus pontos: *"Por dois* *pontos distintos do plano passa uma, e somente uma reta".* Assim, tomemos dois pontos distintos de λ : $U=(x_1,y_1)$ e $V=(x_2,y_2)$. Observe que, como a reta é não vertical, com certeza temos $x_1 \neq x_2$ (no caso presente, consideremos $x_1 < x_2$). Além disso, como a reta é não horizontal, devemos ter, também, $y_1 \neq y_2$. Uma das possibilidades para λ está mostrada abaixo. A demonstração para o outro caso é idêntica:

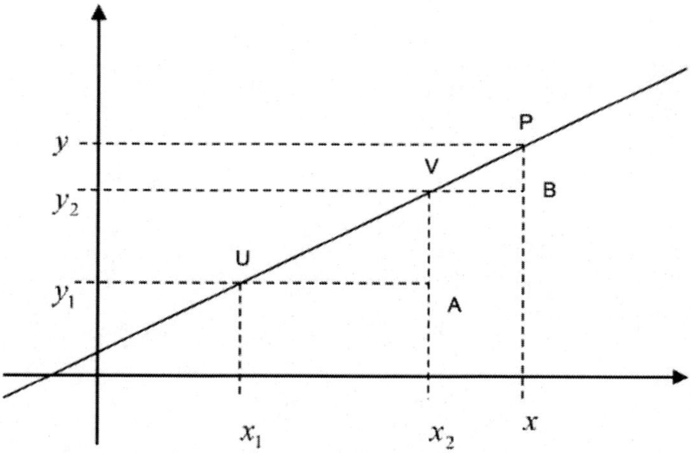

Dado um ponto $P=(x,y)$ qualquer sobre esta reta, temos que os triângulos PVB e VUA são sempre semelhantes. De fato, os dois são triângulos retângulos ($U\hat{A}V = V\hat{B}P = 90^0$) e, como as retas $\overleftrightarrow{UA}$ e $\overleftrightarrow{VB}$ são paralelas, temos que $V\hat{U}A = P\hat{V}B$ (ângulos correspondentes). Pelo caso ângulo-ângulo temos a semelhança. Observe que o desenho toma apenas um caso possível: quando o ponto P está posicionado depois de V. Fica como exercício para o leitor mostrar que também se formam triângulos semelhantes quando P está entre U e V e quando P está antes de U. As demonstrações destes casos são análogas e serão omitidas.

Da semelhança, temos que:

$$\frac{PB}{VA} = \frac{VB}{UA} \Rightarrow \frac{y - y_2}{y_2 - y_1} = \frac{x - x_2}{x_2 - x_1}$$

Desenvolvendo a equação, temos:

$$(y - y_2)(x_2 - x_1) = (x - x_2)(y_2 - y_1) \Rightarrow x_2 y - x_1 y - x_2 y_2 + x_1 y_2 = y_2 x - y_1 x - x_2 y_2 + x_2 y_1 \Rightarrow$$
$$\Rightarrow (x_2 - x_1)y = (y_2 - y_1)x + (x_2 y_1 - x_1 y_2)$$

Como $x_1 \neq x_2$, podemos multiplicar ambos os membros por $\frac{1}{x_2 - x_1}$ e obter:

$$y = \frac{y_2 - y_1}{x_2 - x_1} x + \frac{x_2 y_1 - x_1 y_2}{x_2 - x_1}$$

Fazendo $a = \frac{y_2 - y_1}{x_2 - x_1}$ e $b = \frac{x_2 y_1 - x_1 y_2}{x_2 - x_1}$, mostramos que, para que um ponto $P = (x, y)$ qualquer do plano esteja em λ, ele deve satisfazer a uma equação do tipo $y = ax + b$. Além disso, veja que, como $y_1 \neq y_2$ temos, realmente, $a \neq 0$, o que conclui a demonstração.

O próximo teorema é a recíproca do anterior.

Teorema 2 : Os pontos do plano cartesiano que satisfazem a uma equação do tipo $y = ax + b$, com $a, b \in \mathbb{R}$ e $a \neq 0$, constituem uma reta não horizontal e não vertical.

Demonstração: Uma das formas de demonstrar este teorema é mostrar que, dados três pontos quaisquer do plano cartesiano que satisfazem à equação dada, eles estão sempre alinhados (em linha reta). Tomemos, então, três pontos distintos que satisfazem à equação $y = ax + b$: $(x_1, ax_1 + b)$, $(x_2, ax_2 + b)$ e $(x_3, ax_3 + b)$. Veja que, como os pontos tomados são distintos, temos, com certeza, $x_1 \neq x_2 \neq x_3$. Além disso, como $a \neq 0$: $x_1 \neq x_2 \neq x_3 \Rightarrow ax_1 \neq ax_2 \neq ax_3 \Rightarrow ax_1 + b \neq ax_2 + b \neq ax_3 + b$. Os pontos que pertencem à reta que passa pelos dois primeiros pontos tomados, pela demonstração do teorema anterior, satisfazem à equação: $y = \dfrac{y_2 - y_1}{x_2 - x_1}x + \dfrac{x_2y_1 - x_1y_2}{x_2 - x_1}$, onde $y_1 = ax_1 + b$ e $y_2 = ax_2 + b$. O que devemos fazer é mostrar que o terceiro ponto está em cima desta reta, ou seja, que suas coordenadas satisfazem à equação dada. Então, devemos mostrar que: $\frac{y_2 - y_1}{x_2 - x_1}x_3 + \frac{x_2y_1 - x_1y_2}{x_2 - x_1}$ é igual a $ax_3 + b$.

Desenvolvendo os cálculos, temos:

$$\frac{y_2 - y_1}{x_2 - x_1}x_3 + \frac{x_2y_1 - x_1y_2}{x_2 - x_1} = \frac{(ax_2 + b) - (ax_1 + b)}{x_2 - x_1}x_3 + \frac{x_2(ax_1 + b) - x_1(ax_2 + b)}{x_2 - x_1} =$$

$$= \frac{a(x_2 - x_1)}{x_2 - x_1}x_3 + \frac{ax_1x_2 + bx_2 - ax_1x_2 - bx_1}{x_2 - x_1} = \frac{a(x_2 - x_1)}{x_2 - x_1}x_3 + \frac{b(x_2 - x_1)}{x_2 - x_1} = ax_3 + b$$

como era interesse demonstrar.

Como $x_1 \neq x_2 \neq x_3$, a reta não é vertical. Além disso, como $ax_1 + b \neq ax_2 + b \neq ax_3 + b$, a reta não é horizontal, o que conclui a demonstração.

Os teoremas 2 e 3 demonstram que, realmente, uma função real de variável real tem como gráfico uma reta não horizontal e não vertical se, e somente se, é afim.

Alguns autores definem função afim como toda aquela que tem fórmula do tipo $f(x) = ax + b$, com $a, b \in \mathbb{R}$ (sem a restrição de $a \neq 0$). Segundo esta definição, a função constante seria um caso particular de função afim. Neste texto, não definimos assim. Fica mais interessante para a demonstração de certas propriedades.

Veja também que o fato de uma função $f: \mathbb{R} \to \mathbb{R}$ dada por $f(x) = ax + b$ ter como gráfico uma reta "inteiriça" não fez parte dessa discussão. Na verdade, o que provamos aqui é que, $f: \mathbb{R} \to \mathbb{R}$ é do tipo $f(x) = ax + b$ se, e somente se, os seus pontos estão em linha reta. Não temos condição de demonstrar, com as ferramentas da educação básica, que esta reta não tem "buracos" ou espaços entre seus pontos, por exemplo. Mas o professor pode tentar "convencer" seus alunos da continuidade de uma forma mais intuitiva, como foi dito na introdução.

1.4. Crescimento e Decrescimento da Função Afim

Uma função real de variável real é dita CRESCENTE (em certo intervalo) se os valores de $f(x)$ aumentam quando x cresce no intervalo dado. E é DECRESCENTE se $f(x)$ diminui à medida que x cresce. A seguir está a definição formal.

Definição: Uma função $f: \mathbb{R} \to \mathbb{R}$ é dita CRESCENTE num intervalo $I \subset \mathbb{R}$ quando, dados $x_1, x_2 \in I$ quaisquer, com $x_1 < x_2$, temos $f(x_1) < f(x_2)$. É dita DECRESCENTE em I

quando, dados $x_1, x_2 \in I$ quaisquer, com $x_1 < x_2$, temos $f(x_1) > f(x_2)$.

Aqui, demonstraremos dois resultados conhecidos: a função afim é crescente quando $a > 0$ e decrescente quando $a < 0$. Vamos a eles.

Teorema 3: Seja $f: \mathbb{R} \to \mathbb{R}$ uma função afim de fórmula $f(x) = ax + b$. Se $a > 0$, então f é crescente.

Demonstração: Tomemos $x_1, x_2 \in \mathbb{R}$ com $x_1 < x_2$. Como $a > 0$, podemos multiplicar ambos os membros da desigualdade por a sem invertê-la. Assim:

$$x_1 < x_2 \Rightarrow ax_1 < ax_2 \Rightarrow ax_1 + b < ax_2 + b \quad \text{ou} \quad f(x_1) < f(x_2),$$

o que conclui a demonstração.

Teorema 4: Seja $f: \mathbb{R} \to \mathbb{R}$ uma função afim de fórmula $f(x) = ax + b$. Se $a < 0$, então f é decrescente.

Demonstração: Tomemos $x_1, x_2 \in \mathbb{R}$ com $x_1 < x_2$. Como $a < 0$, devemos inverter a desigualdade ao multiplicar ambos os seus membros por a. Assim:

$$x_1 < x_2 \Rightarrow ax_1 > ax_2 \Rightarrow ax_1 + b > ax_2 + b \quad \text{ou}$$

$f(x_1) > f(x_2)$, o que conclui a demonstração.

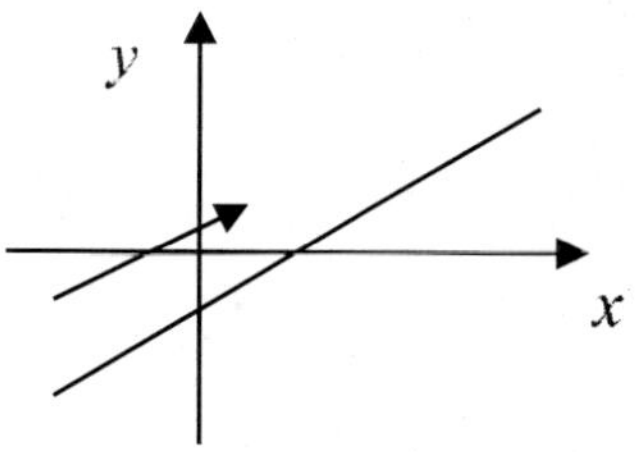

$a > 0$

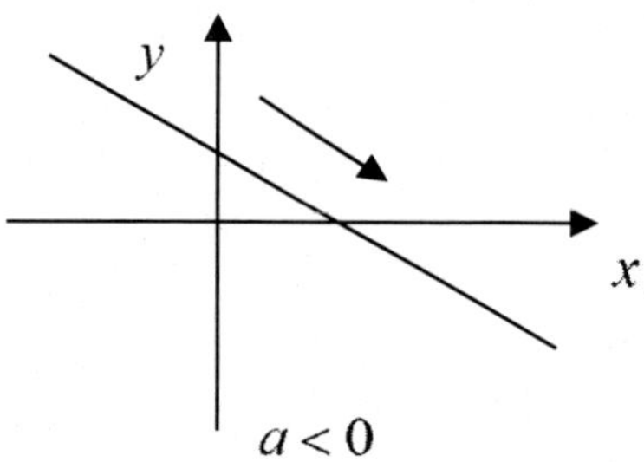

$a < 0$

> ***Teorema 5***: Seja $f: \mathbb{R} \to \mathbb{R}$ uma função afim de fórmula $f(x) = ax + b$. Se f é crescente, então $a > 0$.

Demonstração: Se f é crescente, então $f(1) < f(2)$. Assim:

$f(1) < f(2) \Rightarrow a.1 + b < a.2 + b \Rightarrow a - 2a < 0 \Rightarrow -a < 0 \Rightarrow a > 0$, concluindo a demonstração.

A demonstração da recíproca do Teorema 4 é análoga.

Os resultados obtidos nesta seção podem ser reunidos no único teorema a seguir:

> ***Teorema 6*** : Seja $f: \mathbb{R} \to \mathbb{R}$ uma função afim ($f(x) = ax + b$, com $a, b \in \mathbb{R}$ e $a \neq 0$). Temos que:
>
> f é crescente se, e somente se, $a > 0$.
>
> f é decrescente se, e somente se, $a < 0$.

1.5. Raiz e Interceptos do Gráfico da Função Afim

As raízes ou zeros de uma função $f\colon \mathbb{R} \to \mathbb{R}$ são definidos como os valores da variável independente (x) que anulam a função, ou seja, os valores de x para os quais se tem $f(x)=0$. Geometricamente, são as abscissas dos pontos onde o gráfico da função intercepta ("corta") o eixo x.

Assim, se queremos achar as raízes de uma função afim ($f(x)=ax+b$), devemos resolver a equação $f(x)=0$ ou $ax+b=0$:

$$ax+b=0 \Leftrightarrow ax=-b \Leftrightarrow x=-\frac{b}{a}$$

Portanto, a função afim tem sempre uma única raiz, dada por $-\frac{b}{a}$. Logo, seu gráfico intercepta o eixo dos x sempre no ponto $\left(-\frac{b}{a},0\right)$.

Para saber o ponto onde o gráfico intercepta o eixo das ordenadas (eixo y), basta lembrar que todos os pontos deste eixo têm $x=0$. Logo, basta calcular $f(0)$:

$$f(0)=a\times 0+b=b$$

E o gráfico intercepta o eixo y em $(0,b)$. Os pontos $\left(-\frac{b}{a},0\right)$ e $(0,b)$ são chamados de INTERCEPTOS do gráfico. As conclusões estão no teorema a seguir.

> ***Teorema 7*** : Seja $f:\mathbb{R}\to\mathbb{R}$ uma função afim ($f(x)=ax+b$, com $a,b\in\mathbb{R}$ e $a\neq 0$). Então:
>
> A raiz (ou zero) de f é $x=-\frac{b}{a}$.
>
> O gráfico de f intercepta o eixo x no ponto $\left(-\frac{b}{a},0\right)$.
>
> O gráfico de f intercepta o eixo y no ponto $(0,b)$.

Exemplo: Encontrar os interceptos e fazer um esboço do gráfico da função afim $f(x)=-4x+2$.

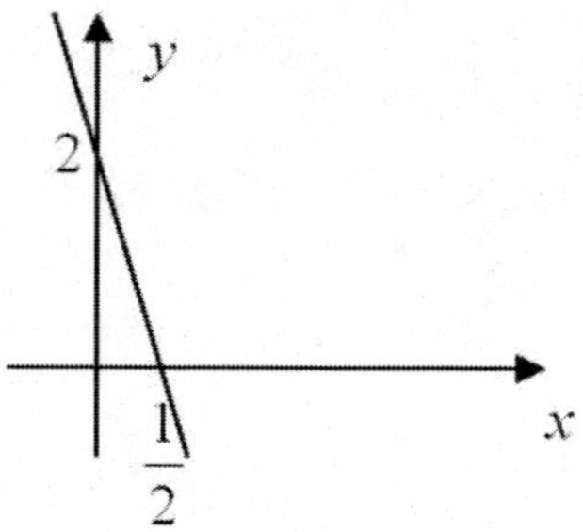

Raiz: $-4x+2=0\Rightarrow -4x=-2\Rightarrow x=\frac{1}{2}$.

Ponto onde a reta corta o eixo x: $\left(\frac{1}{2},0\right)$.

Ponto onde a reta corta o eixo y: $(0,2)$.

1.6. Estudo de Sinais da Função Afim

Estudar o sinal de uma função é dizer para quais valores da variável independente (x) temos $f(x)$ maior que zero, menor que zero ou igual a zero.

No caso da função afim $f(x)=ax+b$, vamos dividir o estudo em dois casos.

Primeiro Caso: $a>0$. Neste caso, teremos:

a) $f(x)>0 \Leftrightarrow ax+b>0 \Leftrightarrow ax>-b \Leftrightarrow x>-\frac{b}{a}$.

b) $f(x)<0 \Leftrightarrow ax+b<0 \Leftrightarrow ax<-b \Leftrightarrow x<-\frac{b}{a}$.

c) $f(x)=0 \Leftrightarrow ax+b=0 \Leftrightarrow ax=-b \Leftrightarrow x=-\frac{b}{a}$.

Segundo Caso: $a<0$. Neste caso, teremos:

a) $f(x)>0 \Leftrightarrow ax+b>0 \Leftrightarrow ax>-b \Leftrightarrow x<-\frac{b}{a}$. Veja que, na última passagem, devemos inverter a desigualdade ao multiplicar ambos os membros por $\frac{1}{a}$, pois $a<0$ (mesma coisa na recíproca, onde multiplicamos por a).

b) $f(x)<0 \Leftrightarrow ax+b<0 \Leftrightarrow ax<-b \Leftrightarrow x>-\frac{b}{a}$.

c) $f(x)=0 \Leftrightarrow ax+b=0 \Leftrightarrow ax=-b \Leftrightarrow x=-\frac{b}{a}$.

Em gráfico, temos:

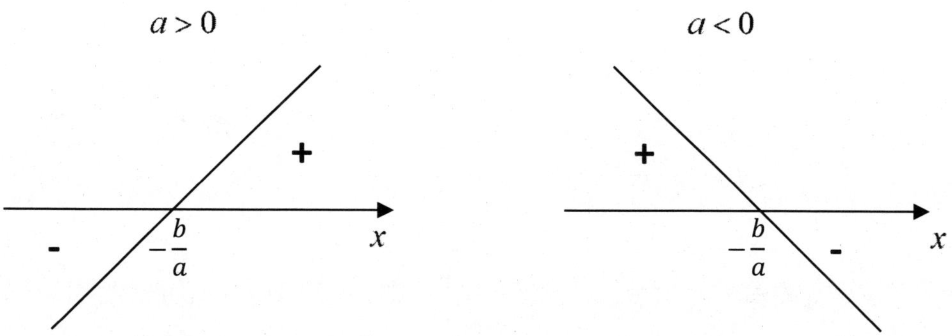

Exemplo: Realizando o estudo de sinais da função afim $f(x)=-4x+2$, temos:

$$f(x)>0 \Leftrightarrow x<\frac{1}{2}$$

$$f(x)<0 \Leftrightarrow x>\frac{1}{2}$$

$$f(x)=0 \Leftrightarrow x=\frac{1}{2}$$

1.7) Bijetividade

Os próximos teoremas mostram que a função afim é bijetora.

Uma função é dita INJETORA quando qualquer elemento do conjunto-imagem é imagem de apenas um elemento do domínio. Em linguagem matemática, dados $x_1, x_2 \in D$: $x_1 \neq x_2 \Rightarrow f(x_1) \neq f(x_2)$.

Teorema 8 : A função afim é injetora.

Demonstração: Seja $f: \mathbb{R} \to \mathbb{R}$ uma função do tipo $f(x) = ax + b$, com $a, b \in \mathbb{R}$ e $a \neq 0$. Dados $x_1, x_2 \in \mathbb{R}$, com $x_1 \neq x_2$, temos:

$x_1 \neq x_2 \Rightarrow ax_1 \neq ax_2$ (pois $a \neq 0$) $\Rightarrow ax_1 + b \neq ax_2 + b$ ou $f(x_1) \neq f(x_2)$, o que conclui a demonstração.

OBS: Numa função injetora, nenhuma reta horizontal intercepta seu gráfico mais de uma vez. Isso, realmente, acontece na função afim.

Uma função é dita SOBREJETORA quando seu contradomínio coincide com seu conjunto-imagem. Assim, todo elemento do contradomínio deve ser imagem de algum do domínio. Na função afim, se tomarmos $y \in \mathbb{R}$ qualquer, conseguimos sempre $x \in \mathbb{R}$ tal que $f(x) = y$, pois:

$$y = ax + b \Rightarrow y - b = ax \Rightarrow x = \frac{y-b}{a}$$

Teorema 9 : A função afim é sobrejetora.

Demonstração: Seja $f: \mathbb{R} \to \mathbb{R}$ uma função do tipo $f(x) = ax + b$, com $a, b \in \mathbb{R}$ e $a \neq 0$. Dado $y \in \mathbb{R}$ qualquer, tomemos $x = \frac{y-b}{a}$. Observe que é sempre possível obter x, pois $a \neq 0$. Assim, temos:

$$f(x) = f\left(\frac{y-b}{a}\right) = a \times \frac{y-b}{a} + b = y,$$ o que conclui a demonstração.

Uma função é dita BIJETORA quando é INJETORA e SOBREJETORA ao mesmo tempo. Os teoremas 8 e 9 mostram que a função afim é BIJETORA. Isso quer dizer que qualquer função afim estabelece uma CORRESPONDÊNCIA BIUNÍVOCA de $\mathbb{R}$ em $\mathbb{R}$, ou seja, uma correspondência "um a um".

A inversa de uma função $f: A \to B$ é a função $f^{-1}: B \to A$ que "desfaz" o que f faz. Isso quer dizer que, se a função f leva o elemento $a \in A$ em $b \in B$, então a função f^{-1} deve levar b em a, ou seja, $f^{-1}(f(a)) = a$. Da mesma forma: $f(f^{-1}(b)) = b$. Toda função bijetora é invertível. E, se observarmos bem, a demonstração também nos revela que a inversa da função $f: \mathbb{R} \rightarrow \mathbb{R}$ dada por $f(x) = ax + b$, com $a \neq 0$ é a função $f^{-1}: \mathbb{R} \rightarrow \mathbb{R}$ dada por $f^{-1}(x) = \frac{1}{a}x - \frac{b}{a}$.

Por exemplo, a inversa da função $f(x) = -5x + 2$ é $f^{-1}(x) = -\frac{1}{5}x + \frac{2}{5}$.

Atividades para a Sala

Para cada função afim dada a seguir:

a) Classifique-a em crescente ou decrescente.
b) Encontre os interceptos do gráfico.
c) Construa o gráfico.
d) Faça o estudo de sinais.
e) Encontre a fórmula da função inversa.

1) $f(x) = 2x - 5$
2) $f(x) = -3x + 2$
3) $g(x) = \frac{1}{2} - \frac{2x}{5}$
4) $h(x) = -\frac{3}{8} + \frac{x}{4}$

5) Determine os valores de $m \in \mathbb{R}$ para os quais a função $y = 2 - (3m - 5)x$ é DECRESCENTE.

6) A seguir encontra-se o gráfico de uma função afim $(y = ax + b)$. Para esta função, determine os sinais dos coeficientes a, b e da raiz da função, justificando:

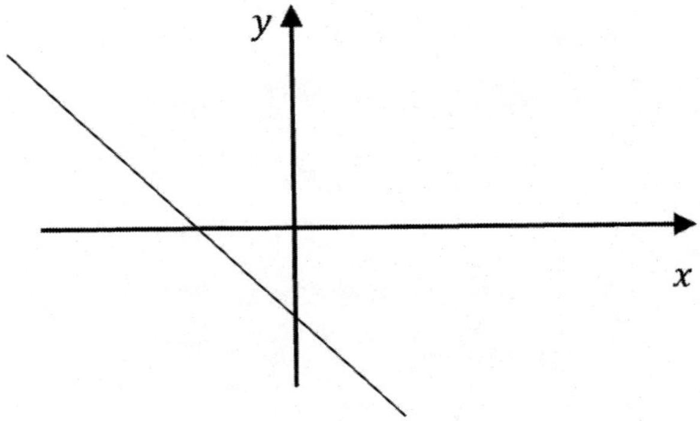

7) Um técnico em informática realiza serviços em domicílio e cobra de seus clientes da seguinte forma: R$ 35,00 a título de visita (taxa fixa) e mais R$15,00 por hora de serviço.

   a) Chamando de x o tempo (em horas) que o técnico permaneceu na casa do cliente e de y o valor total a ser pago (em reais), determine a fórmula que coloca y em função de x.

b) Quanto deve pagar ao técnico um cliente que teve um serviço de 3 horas?

c) Se um cliente pagou ao técnico R$155,00, qual foi o tempo de duração do serviço?

8) Um clube de passeios para aposentados oferece a seus clientes dois planos. No Plano A, o cliente paga uma taxa fixa mensal de R$175,00 e mais uma coparticipação de R$36,00 por passeio realizado. Já no Plano B, a taxa fixa mensal é de R$296,00; mas a taxa de coparticipação é de R$25,00 por passeio realizado.

a) Chamando de x o número de passeios que o cliente realiza em média por mês e de y o valor a ser pago ao clube no fim do mês, obtenha duas fórmulas: uma que dá o preço mensal do Plano A (y_A) em função de x e outra que dá o preço mensal do Plano B (y_B), também em função de x.

b) Qual plano é mais vantajoso para um cliente que realiza, em média, 5 passeios por mês?

c) Para quantos passeios mensais é mais vantajoso (para o cliente) a escolha do Plano A? E do plano B?

9) A seguir estão colocados gráficos de funções afins. Em cada caso, determine a fórmula da função:

a)

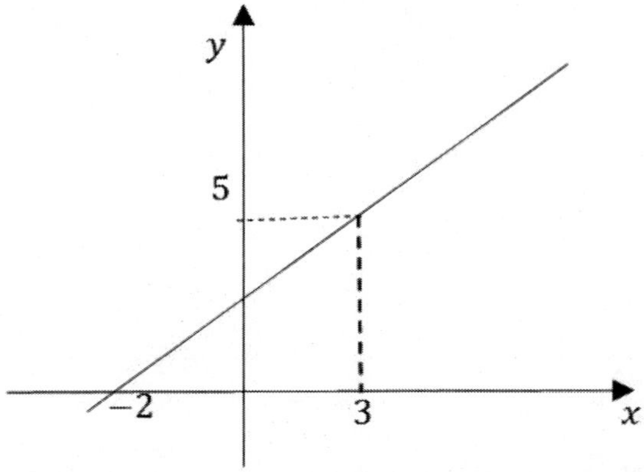

b)

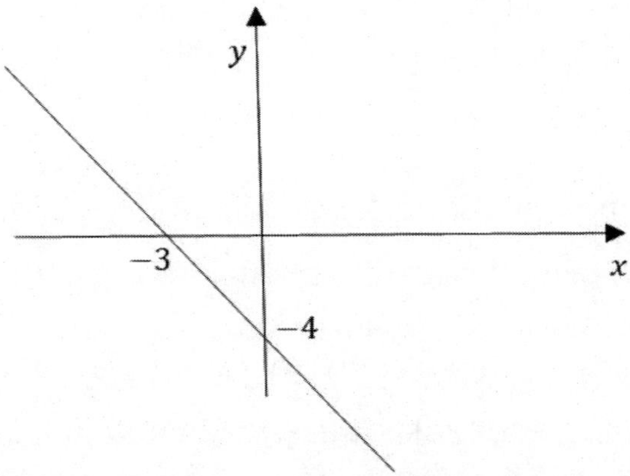

10) Escalas termométricas costumam se relacionar por funções afins. As temperaturas em Celsius (°C) e Fahrenheit (°F), por exemplo, relacionam-se por fórmula do tipo: $T(°C) = a.T(°F) + b$, onde a e b são constantes reais. Sabendo que a temperatura de fusão do gelo ($0°C$) corresponde a $32°F$ e que a

temperatura de ebulição da água $(100°\text{C})$ corresponde a $212°\text{F}$:

a) Determine o valor das constantes $a\ e\ b$.

b) Uma temperatura de $35°\text{C}$ corresponde a quantos graus na escala Fahrenheit?

1.8. Função Linear e Proporcionalidade Direta

Definição 1: Damos o nome de FUNÇÃO LINEAR à função afim que possui $b = 0$. Ou seja, $f: \mathbb{R} \to \mathbb{R}$ é uma FUNÇÃO LINEAR quando é dada por $f(x) = ax$, $\forall x \in \mathbb{R}$, com $a \in \mathbb{R}\ e\ a \neq 0$.

Vemos, então, que função linear é o nome especial dado à função afim que possui o coeficiente b nulo.

O que é importante sobre funções deste tipo é que elas relacionam grandezas que são chamadas de DIRETAMENTE PROPORCIONAIS. Este conceito é apresentado pela primeira vez aos estudantes da educação básica nos últimos anos do ensino fundamental, quando se estuda a chamada “regra de três”. Porém, lá, muitos professores dão este conceito aos alunos de forma incompleta, dizendo simplesmente que duas grandezas são diretamente proporcionais (DP) quando “aumentando-se uma delas, a outra também aumenta e diminuindo-se uma delas, a outra também diminui”. Eles esquecem de dizer que, para que ocorra a proporcionalidade direta, este aumento ou diminuição deve-se dar NO MESMO FATOR! Assim, se duas grandezas são DP, ao dobrar-se uma delas, a outra também dobra. Ao triplicar-se uma delas, a outra também triplica. Ao dividir-se uma delas por dois, a outra também fica dividida por dois. Em geral, ao multiplicar-se uma delas pelo número real (não nulo) k, a outra também fica multiplicada por k.

Como exemplo, podemos citar a quantidade de biscoito comprada em uma padaria (em gramas) e o preço pago na compra (em reais). Estas grandezas são DP, pois, comprando-se o dobro de biscoito, paga-se o dobro do preço, comprando-se o triplo, paga-se o triplo, e assim por diante. A definição de duas grandezas diretamente proporcionais está colocada a seguir:

Definição 2: Duas grandezas são ditas DIRETAMENTE PROPORCIONAIS quando se relacionam por uma função $f: \mathbb{R} \to \mathbb{R}$ tal que $f(kx) = k.f(x)$, $\forall k, x \in \mathbb{R}$.

O teorema a seguir mostra que a função que relaciona duas grandezas diretamente proporcionais é a função linear ou a função identicamente nula ($f(x) = 0, \forall x \in \mathbb{R}$).

Teorema 10: Duas grandezas x e $y = f(x)$ são diretamente proporcionais se, e somente se, relacionam-se por uma função $f: \mathbb{R} \to \mathbb{R}$ dada por $f(x) = ax$.

Demonstração: $(\Rightarrow)$ Se x e $y = f(x)$ são DP, então $f(kx) = k.f(x)$, $\forall k, x \in \mathbb{R}$. Em particular, para $x = 1$, temos que $f(k.1) = k.f(1)$ ou $f(k) = k.f(1)$, $\forall k \in \mathbb{R}$. Chamando $f(1) = a$, temos que $f(k) = ak$, $\forall k \in \mathbb{R}$, concluindo esta parte da demonstração.

$(\Leftarrow)$ Se x e $y = f(x)$ se relacionam por função do tipo $f(x) = ax$, então, $\forall k, x \in \mathbb{R}$, temos:
$f(kx) = a(kx) = (ak)x = (ka)x = k(ax) = k.f(x)$, o que mostra que as grandezas são DP e conclui a demonstração.

OBS: Na primeira parte da demonstração, se $a = f(1) = 0$, teríamos a função $f(x) = 0$, $\forall x \in \mathbb{R}$, que, a priori, também define grandezas DP, pois: dobrando x, y dobra (passa de 0 para 0); triplicando x, y triplica (passa de 0 para 0), e assim por diante. Mas, devido a pouca aplicação prática deste caso, podemos colocar, sem perda de generalidade, que $a \neq 0$ e dizer que *"duas grandezas são DP se, e somente se, relacionam-se* *por função linear".* A constante a é chamada de ***constante de proporcionalidade*** entre as grandezas.

Exemplos de Grandezas Diretamente Proporcionais

A) Massa (m) e volume (v) de uma porção de uma substância pura. A constante de proporcionalidade é a densidade d da substância: $m = dv$.

B) Energia potencial gravitacional (E_p) e altura (h) de um corpo suspenso. A constante de proporcionalidade é o produto mg (massa $\times$ aceleração da gravidade): $E_p = mgh$.

C) Distância Percorrida (d) e tempo (t) para um corpo que se move com velocidade constante saindo do referencial zero. A constante de proporcionalidade é a velocidade v do corpo: $d = vt$.

Já a área de um quadrado NÃO É DIRETAMENTE PROPORCIONAL ao seu lado. Apesar de o aumento do lado acarretar aumento da área, isto não se dá no mesmo fator. Se um quadrado tem lado de $2cm$, sua área é $4cm^2$. Se o lado é $6cm$, a área é $36cm^2$. Observe que o lado triplicou, mas a área ficou multiplicada por 9. Realmente, a função que relaciona lado e área é $A = l^2$, que não é linear. Na verdade, dizemos que a área é proporcional ao quadrado do lado, ou seja, ao multiplicar o lado por k, a área fica multiplicada por k^2.

Da mesma forma, o volume de um cubo NÃO É DIRETAMENTE PROPORCIONAL à medida de sua aresta. Pela fórmula que relaciona estas grandezas ($V = a^3$), vemos que o volume é proporcional ao cubo da aresta. Se multiplicamos a aresta de um cubo por 2, por exemplo, seu volume ficará $2^3 = 8$ vezes maior!

Atividades para a Sala

11)As grandezas x e y relacionam-se pela fórmula matemática: $y = 5x + 2$. Estas grandezas são diretamente proporcionais? Justifique.

12)Assinale o gráfico que apresenta a relação entre duas grandezas diretamente proporcionais:

a)

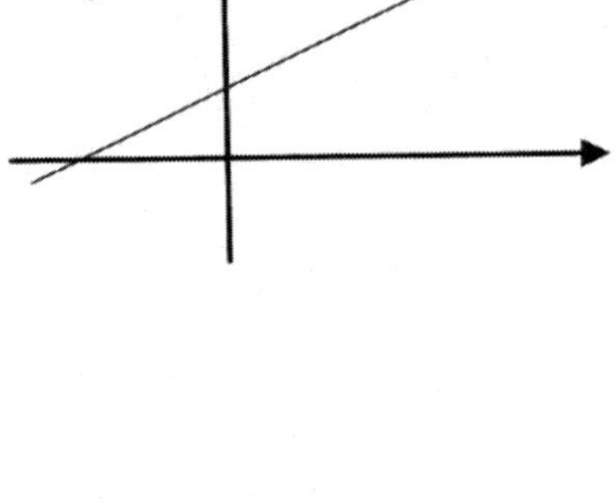

b)

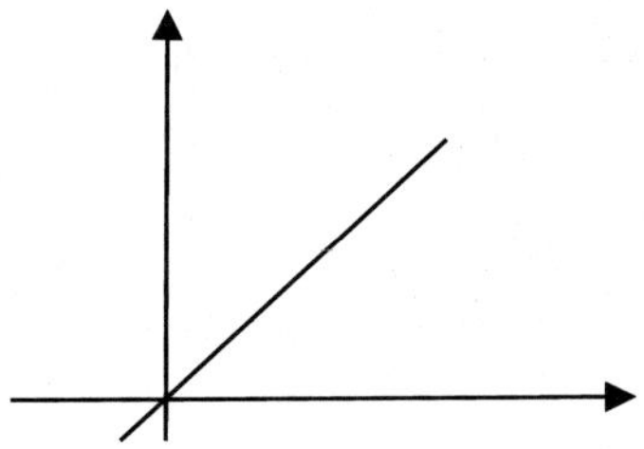

c)

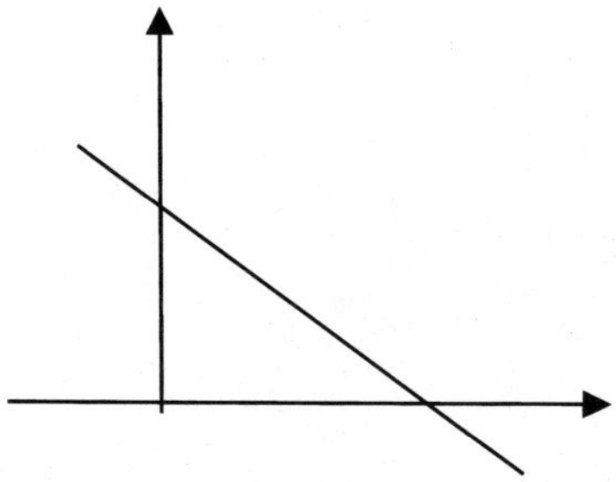

1.9. Uma Aplicação: Movimento Retilíneo Uniforme

Movimento Retilíneo Uniforme é aquele que acontece em linha reta e com velocidade constante (não há aceleração). Num movimento deste tipo, a distância percorrida pelo móvel será dada pela multiplicação da velocidade (módulo do vetor velocidade) pelo tempo de movimento: $d = v.t$. Por exemplo, se um carro movimenta-se a $80\,km/h$ durante $2\,h$, a distância percorrida por ele será: $d = 80\frac{km}{h} \times 2h = 160\;km$.

Ao fixar um referencial, podemos descrever a posição de um corpo em movimento retilíneo uniforme em função do tempo. Nesse caso, determinamos um sentido de movimento como sendo o POSITIVO. Quando o corpo está exatamente no referencial, dizemos que ele está na posição zero ($S = 0$). Na Física, o símbolo mais utilizado para indicar posição é S. À medida que o corpo se movimenta afastando-se do referencial no sentido positivo, ele passa a ocupar posição positiva. Se ele se afastar do referencial no sentido contrário ao positivo, ocupará posição negativa:

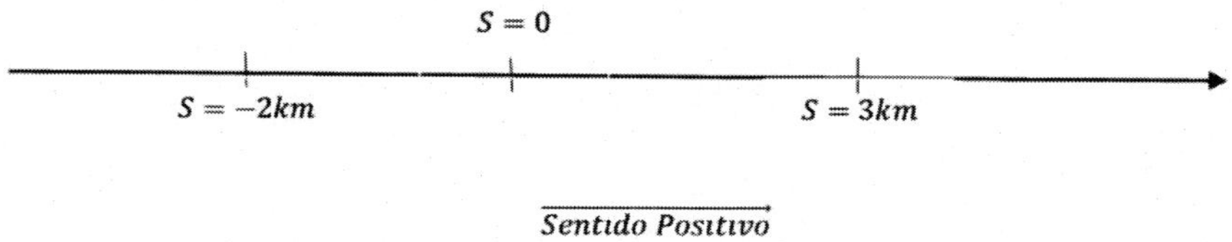

A POSIÇÃO (S) de um corpo em movimento retilíneo uniforme (em linha reta com velocidade constante) será dada em função do TEMPO (t) do seguinte modo: somando-se a posição inicial do corpo (posição dele no instante $t = 0$, denotada por S_o) com a distância percorrida por ele no tempo t (dada por $v.t$, como já mostrado). Assim: $S(t) = S_o + vt$. Observe que esta é uma FUNÇÃO AFIM, onde t é a variável independente e S é a variável dependente. Além disso, vemos que $b = S_o$ e $a = v$. Então, se $v > 0$, a função é crescente, e o corpo se move no sentido considerado positivo. Caso contrário ($v < 0$), a função é decrescente, e o corpo se move no sentido contrário ao positivo.

Podemos construir, para cada movimento, o gráfico $S \times t$, que pode ter um dos dois "formatos":

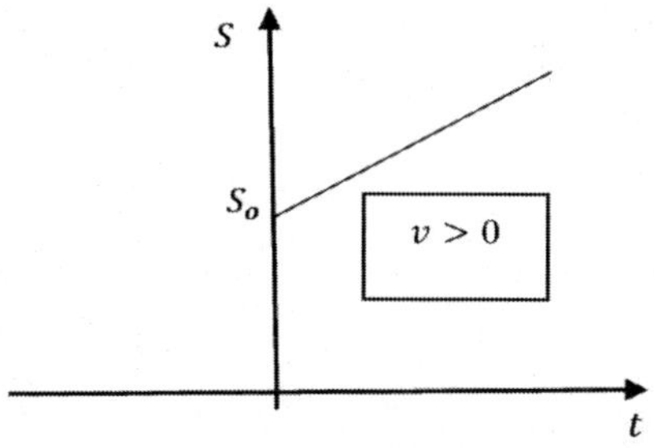

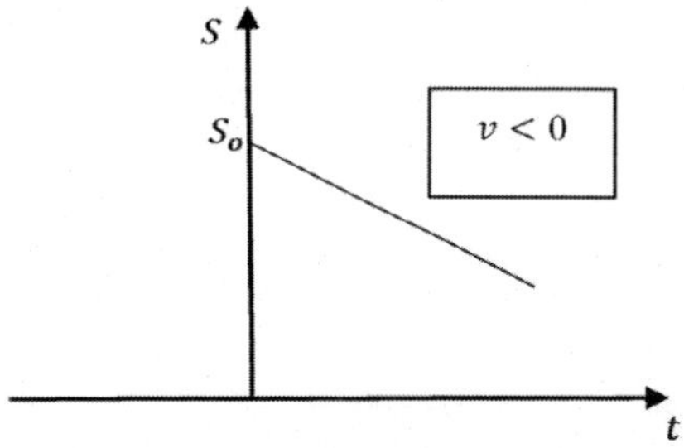

Veja que S_o pode também estar "abaixo" do eixo t (o movimento se iniciou "antes" do referencial).

Exercício Resolvido 1: Duas cidades $A\, e\, B$ estão separadas por uma estrada reta de $240\, km$ de extensão. João sai da cidade A, em direção à cidade B, com velocidade constante de $64\ km/h$, às $8h$ da manhã. Já Pedro sai da cidade B, em direção à cidade A, com velocidade constante de $80\, km/h$, às $8h45min$. A que horas João e Pedro se encontrarão na estrada? O ponto de encontro será a quantos quilômetros de A?

Resolução: Veja que, quando Pedro sai, João já tem $45\, min = \frac{3}{4}h$ de percurso. Portanto, vamos considerar nosso referencial como sendo o ponto da estrada em que João está quando Pedro sai de sua cidade. Em $45\, min$, João percorreu:

$d = 64\frac{km}{h} \times \frac{3}{4}h = 48\ km$. Desse modo, vamos obter duas funções que dão, respectivamente, as posições de João e Pedro em relação ao referencial que está a $48\ km$ da cidade A:

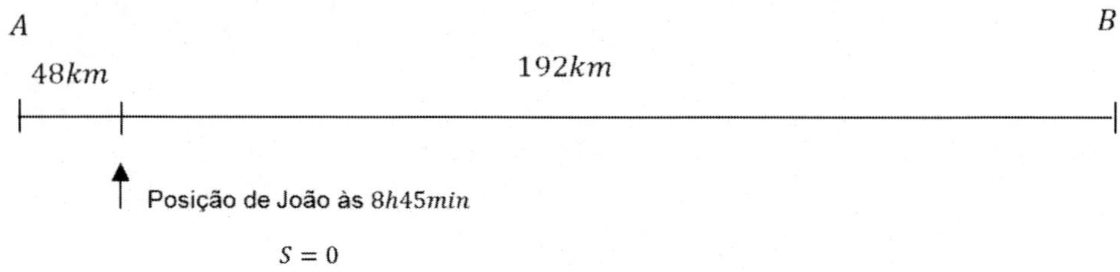

As funções são: $S_{João} = 64t$ e $S_{Pedro} = 192 - 80t$. Veja que o sentido considerado "positivo" do movimento é de A para B. Além disso, $t = 0$ corresponde a $8h45min$. Veja também que, nestas funções, t é tomado em horas e S em quilômetros.

O encontro de João e Pedro ocorrerá quando tivermos:

$$S_{João} = S_{Pedro}$$

$$64t = 192 - 80t$$

$$144t = 192$$

$$t = \frac{192}{144}h = \frac{4}{3}h = 80min = 1h20min$$

Desse modo, concluímos que João e Pedro encontrar-se-ão $1h20min$ após as $8h45min$, ou seja, eles irão se encontrar às 10 horas e 05 minutos.

Se quisermos achar a posição do encontro, basta substituir o valor obtido para t em uma das duas funções: $S_{João} = 64\frac{km}{h} \times \frac{4}{3}h \cong 85{,}3\ km$. Mas, veja que esta posição é em relação a um referencial que está a $48km$ da cidade A. Logo, eles se encontrarão a $85{,}3 + 48 = 133{,}3\ km$ da cidade A.

Resposta: João e Pedro encontrar-se-ão às $10h05min$, a $133{,}3\ km$ da cidade A.

OBS: Sabemos, da Física, que velocidade e aceleração são grandezas vetoriais. Portanto, se o movimento de um corpo se dá ao longo de uma trajetória curva, mesmo que o MÓDULO do vetor velocidade seja constante (não varie), haverá uma aceleração que “caracteriza” a mudança de direção do vetor velocidade. Porém, mesmo que o movimento se dê ao longo de uma curva, se o MÓDULO do vetor velocidade não varia em todo o movimento, ainda sim podemos utilizar as equações $d = v.t$ e $S(t) = S_o + v.t$. Vale lembrar que, nesse caso, a distância percorrida será o comprimento da curva descrito pelo corpo e sua posição também será dada pelo comprimento da curva até o referencial.

Exercício Resolvido 2: Júlio e Marcos são amigos e moram na mesma cidade (cidade P). Ambos combinam de se encontrar numa festa que acontecerá na cidade Q, que fica a $760\ km$ de P. Júlio sai de casa às 8 horas da manhã, em sua moto, a uma velocidade de $85\,km/h$ e não para até chegar à cidade de destino. Já, Marcos, sai de casa às $8h30min$. Sua moto é mais potente. Portanto, ele viaja a $110\,km/h$. Porém, ao contrário de Júlio, após 3 horas de viagem, Marcos para em um restaurante da estrada para almoçar e descansar. Após esta pausa, Marcos retoma a viagem com a mesma velocidade até o destino, mas quando chega, para a sua surpresa, Júlio já estava lá. Qual foi o tempo mínimo que durou a parada de Marcos no restaurante da estrada?

Resolução: Pelo problema exposto, vemos que Marcos para para almoço e descanso às $11h30min$. Neste momento, Júlio já viajou $3{,}5$ horas e Marcos viajou 3 horas. Portanto, a distância percorrida por cada um até a parada de Marcos é:

$$d_{Júlio} = 85 \times 3{,}5 = 297{,}5\ km$$

$$d_{Marcos} = 110 \times 3 = 330\ km\ \Rightarrow Faltam : 760 - 330 = 430\ km$$

Chamemos de t o tempo da parada de Marcos (em horas). Podemos, então, descrever a viagem de Júlio até a cidade Q assim:

- Primeira Etapa: Percorreu uma distância de $297{,}5\ km$ até a parada de Marcos, como calculado acima

- Segunda Etapa: Percorreu uma distância de $(85t)\ km$ enquanto Marcos ficou parado

Neste momento, após a segunda etapa, falta a Júlio percorrer: $(760 - 297{,}5 - 85t)\ km$ ou $(462{,}5 - 85t)\ km$

Mas, quando Marcos retoma a viagem, ainda faltam $430\ km$ até o destino (para ele). Ele levará, para completar o percurso, um tempo de: $\frac{430}{110}\ h = \frac{43}{11}\ h$. Para que Júlio chegue antes de Marcos, o tempo que ele levará para percorrer a terceira etapa de seu percurso deverá ser MENOR que $\frac{43}{11}h$. Então, devemos ter:

$$t = \frac{d}{v}$$

$$t_{Júlio\ na\ terceira\ etapa} < \frac{43}{11}$$

$$\frac{462{,}5 - 85t}{85} < \frac{43}{11}$$

$$462{,}5 - 85t < \frac{43}{11} \times 85$$

$$-85t < \frac{3655}{11} - \frac{4625}{10}$$

$$85t > \frac{925}{2} - \frac{3655}{11}$$

$$85t > \frac{10175 - 7310}{22}$$

$$85t > \frac{2865}{22}$$

$$t > \frac{2865}{1870}\, h \ ou \ t > \frac{573}{374}\, h \cong 1{,}53\, h$$

Resposta: Marcos parou mais de $1{,}53$ horas (mais de uma hora e meia).

Atividades para a Sala

13)(OBMEP – 2014) Guilherme precisa chegar em 5 minutos ao aeroporto, que fica a 5 km de sua casa. Se nos 2 primeiros minutos seu carro andar a uma velocidade média de 90 km/h, qual é a menor velocidade média que ele terá que desenvolver nos próximos 3 minutos para não chegar atrasado ao aeroporto ?

a) 35 km/h

b) 40 km/h

c) 45 km/h

d) 50 km/h

e) 60 km/h

14)(OBMEP – 2015) Marcelo gasta 24 minutos para ir andando de casa até o ponto de ônibus, ou 12 minutos, se for correndo. Ele sai de casa andando, às 15 horas, para pegar um ônibus às 15h30min. No caminho, percebe que esqueceu a carteira e volta para casa correndo. Ele perde 3 minutos para encontrar a carteira e retorna correndo para o ponto de ônibus, chegando exatamente às 15h30min. A que horas Marcelo percebeu que estava sem a carteira?

a) 15h08min
b) 15h10min
c) 15h12min
d) 15h15min
e) 15h18min

15)(OBMEP – 2010) João vai de bicicleta ao encontro de sua namorada Maria. Para chegar na hora marcada, ele deve sair às 8 horas e pedalar a 10 km/h ou sair às 9 horas e pedalar a $15\ km/h$. A que horas é o encontro dos namorados?

a) 10h
b) 10h30min
c) 11h

d) 11h30min

e) 12h

Capítulo 2- Função Quadrática

Definição: Damos o nome de FUNÇÃO QUADRÁTICA a toda função $f: \mathbb{R} \rightarrow \mathbb{R}$ dada por $f(x) = ax^2 + bx + c$, $\forall x \in \mathbb{R}$, onde $a, b, c \in \mathbb{R}$ e $a \neq 0$.

Em síntese, é toda função real de variável real com fórmula do tipo $f(x) = ax^2 + bx + c$ (ou $y = ax^2 + bx + c$), com $a \neq 0$.

Neste capítulo, demonstraremos propriedades importantes desta classe de funções. O objetivo, como já foi dito, é oferecer justificativas para o professor da educação básica e, portanto, sem a utilização de conceitos da matemática avançada. Os resultados serão demonstrados tendo como base apenas as propriedades dos números reais.

A primeira propriedade que analisaremos refere-se ao gráfico desta classe de funções.

2.1. Gráfico da Função Quadrática

Nesta seção, iremos demonstrar um fato importante: o gráfico de uma função quadrática é uma curva chamada PARÁBOLA. Primeiramente, vamos conhecer formalmente esta curva, começando por sua definição analítica.

Definição Analítica de Parábola: PARÁBOLA é o lugar geométrico dos pontos do plano equidistantes de um ponto fixo e de uma reta fixa do plano.

Este ponto fixo é chamado de FOCO (F) e esta reta fixa é chamada de DIRETRIZ (d) da parábola. Baixando uma reta perpendicular à diretriz da parábola passando pelo foco dela, temos que esta reta intercepta a diretriz num ponto Q. O ponto médio do segmento FQ é chamado de VÉRTICE (V) da parábola. Observemos que o vértice é, efetivamente, um ponto pertencente à parábola, uma vez que sua distância ao foco é igual a sua distância à diretriz.

Abaixo, apresentamos o formato desta curva, com todos os seus elementos:

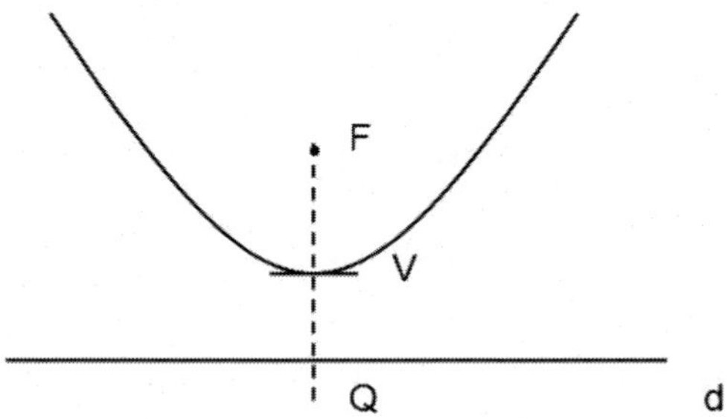

> ***Teorema 1***: Se λ é uma parábola no plano cartesiano com diretriz paralela ao eixo das abscissas, então sua equação é do tipo $y = ax^2 + bx + c$ (com $a, b, c \in \mathbb{R}$ e $a \neq 0$).

Vamos separar a demonstração em casos.

Caso 1: Parábola com foco em $F = (0, p)$ e diretriz $y = -p$, com $p > 0$. Esta parábola tem vértice na origem (ponto médio de FQ). Neste caso, dizemos que ela é côncava para cima, ou que tem concavidade voltada para cima.

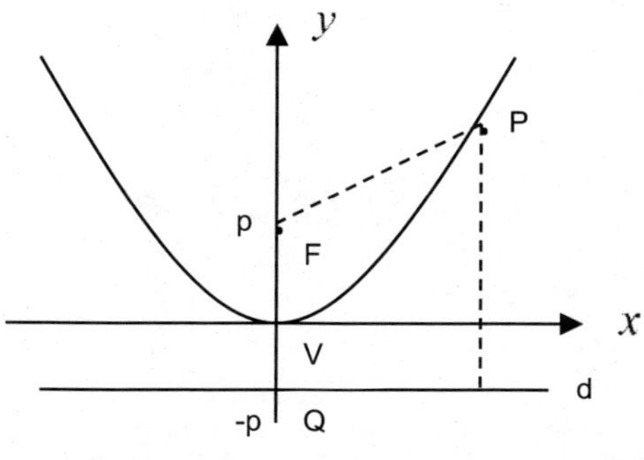

Dado um ponto $P = (x, y)$ qualquer sobre esta parábola, temos que ele deve satisfazer à condição $d(P, F) = d(P, d)$. Por fórmulas conhecidas da geometria analítica, temos:

$$\sqrt{(x-0)^2 + (y-p)^2} = (y+p)$$

Elevando-se ambos os membros ao quadrado e fazendo-se os cálculos necessários:

$$x^2 + y^2 - 2py + p^2 = y^2 + 2py + p^2 \Rightarrow 4py = x^2 \Rightarrow y = \frac{1}{4p}x^2$$

Chamando $\frac{1}{4p} = a$, temos que $y = ax^2$, com $a \neq 0$ (pois $p > 0$). Temos, então, que a equação da curva é do tipo $y = ax^2 + bx + c$, com $a \neq 0$ e $b = c = 0$, como era nosso objetivo mostrar.

Se $p < 0$, a parábola terá sua concavidade voltada para baixo. Mas podemos mostrar que sua equação será da mesma forma, ou seja, $y = ax^2$ com $a = \frac{1}{4p}$. Desse modo, completa-se a demonstração do resultado para o caso 1.

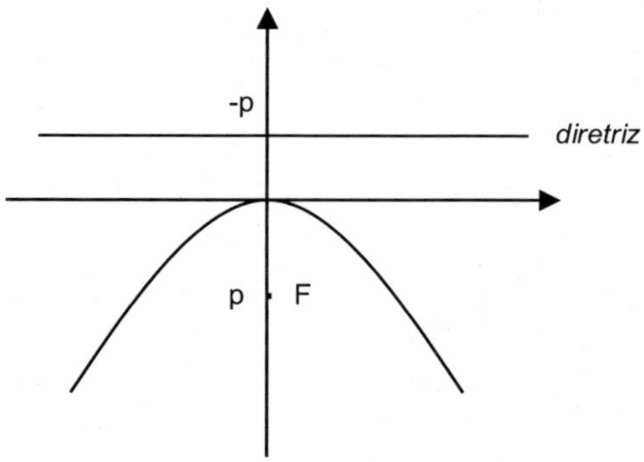

Comentário Importante: Somos também levados a inferir a recíproca. Assim, toda curva de equação $y = ax^2$ teria como gráfico uma parábola, de diretriz paralela ao eixo das abscissas e vértice na origem. Se $a = \frac{1}{4p}$, então $p = \frac{1}{4a}$. Logo, o foco desta parábola seria $F = \left(0, \frac{1}{4a}\right)$ e sua reta diretriz seria $y = -\frac{1}{4a}$. Veremos que esta afirmação é, realmente, verdadeira. Será demonstrada mais à frente.

Caso 2: Parábola com diretriz paralela ao eixo das abscissas e vértice no ponto $V = (k, m)$

Neste caso, transferimos o vértice da parábola do ponto $(0,0)$ para o ponto (k, m). É como se transferíssemos a origem do sistema cartesiano para (k, m), obtendo um novo sistema cartesiano $x'O'y'$ a partir do sistema original xOy e mantendo os novos eixos paralelos aos originais:

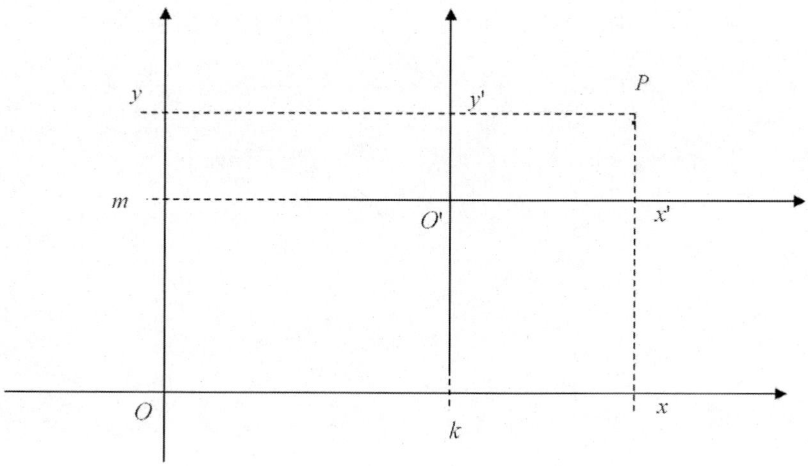

Se um ponto P tem coordenadas (x, y) no sistema xOy e (x', y') no sistema $x'O'y'$, vemos, pela figura, que estas coordenadas se relacionam pelas equações:

$$\begin{cases} x = x' + k \\ y = y' + m \end{cases} \Rightarrow \begin{cases} x' = x - k \\ y' = y - m \end{cases}$$

Pois bem. Consideremos, agora, uma parábola com vértice em $V = (k, m)$ e diretriz paralela ao eixo das abscissas. Construindo um novo sistema cartesiano $x'O'y'$ em que V seja a origem e os novos eixos sejam paralelos aos originais, já sabemos (caso anterior) que a equação da parábola (no sistema $x'O'y'$) será: $(y') = \frac{1}{4p}(x')^2$ (Lembremos que $(0, p)$ são as coordenadas do foco (no sistema $x'O'y'$) e p é positivo se a parábola for côncava para cima e negativo se for côncava para baixo). Mas queremos a equação da curva no sistema original (xOy). Neste caso, utilizamos as equações de substituição acima e obtemos: $y - m = \frac{1}{4p}(x - k)^2$. Em figura:

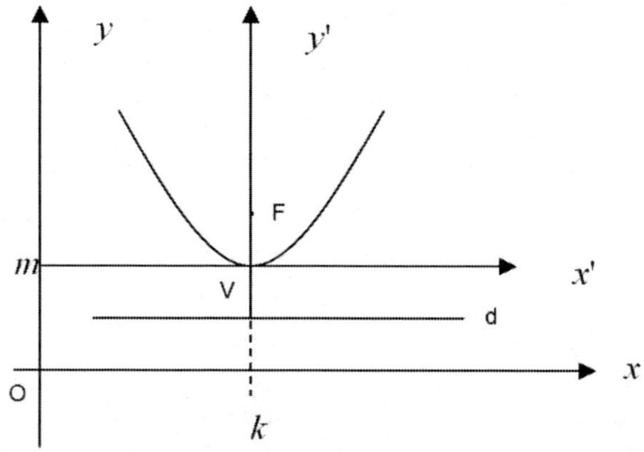

Desenvolvendo a equação obtida, obtemos:

$$y - m = \frac{1}{4p}(x^2 - 2kx + k^2) \Rightarrow y = \frac{1}{4p}x^2 - \frac{k}{2p}x + \left(\frac{k^2}{4p} + m\right)$$

Fazendo: $a = \frac{1}{4p}$, $b = -\frac{k}{2p}$ e $c = \frac{k^2}{4p} + m$

Temos que a equação da curva é do tipo $y = ax^2 + bx + c$, com $a \neq 0$. Isso conclui nossa demonstração.

Comentários Importantes: Se, no sistema de coordenadas $x'O'y'$ o foco da parábola era $F' = (0, p)$ e a diretriz era $y' = -p$, temos, utilizando as equações de conversão, que, no sistema original xOy, o foco e a diretriz serão, respectivamente, $F = (k, p + m)$ e $y = -p + m$. Podemos encontrar k, m e p em função de a, b e c:

$$a = \frac{1}{4p} \Rightarrow p = \frac{1}{4a}$$

$$b = -\frac{k}{2p} \Rightarrow k = -2pb \Rightarrow k = -\frac{2b}{4a} \Rightarrow k = -\frac{b}{2a}$$

$$c = \frac{k^2}{4p} + m \Rightarrow m = c - \frac{k^2}{4p} \Rightarrow m = c - \frac{b^2/4a^2}{1/a} \Rightarrow m = c - \frac{b^2}{4a} = \frac{4ac - b^2}{4a} = \frac{-(b^2 - 4ac)}{4a}$$

No estudo da função quadrática, é cômodo chamarmos o termo $(b^2 - 4ac)$ de discriminante da função e indicá-lo por Δ. Então, fazendo $\Delta = b^2 - 4ac$, temos que $m = -\frac{\Delta}{4a}$.

Este raciocínio leva-nos, novamente, a inferir a recíproca do teorema que demonstramos: Toda equação da forma $y = ax^2 + bx + c$, com $a \neq 0$, tem como gráfico uma parábola, cujo foco seria:

$$F = (k, p + m) = \left(-\frac{b}{2a}, \frac{1}{4a} + \left(-\frac{\Delta}{4a} \right) \right) \Rightarrow F = \left(-\frac{b}{2a}, \frac{1 - \Delta}{4a} \right)$$

E cuja diretriz e vértice seriam:

$$y = -p + m = -\frac{1}{4a} + \left(-\frac{\Delta}{4a} \right) \Rightarrow y = -\frac{1 + \Delta}{4a}$$ e

$$V = (k, m) = \left(-\frac{b}{2a}, -\frac{\Delta}{4a} \right)$$

Lembrando sempre que $\Delta = b^2 - 4ac$. Esta recíproca é o objeto do próximo teorema.

> ***Teorema 2***: Se uma curva do plano tem equação da forma $y = ax^2 + bx + c$, com $a, b, c \in \mathbb{R}$ e $a \neq 0$, então esta curva é uma parábola com diretriz paralela ao eixo das abscissas.

Demonstração: Basta mostrar que qualquer ponto $P = (x, y)$ desta curva, ou seja, qualquer ponto da forma $P = (x, ax^2 + bx + c)$ é equidistante do ponto $F = \left(-\frac{b}{2a}, \frac{1-\Delta}{4a}\right)$ e da reta $y = -\frac{1+\Delta}{4a}$, onde $\Delta = b^2 - 4ac$. Isto mostra que a curva é uma parábola com foco no ponto dado e que tem como diretriz a reta dada. Fica também mostrado que a diretriz é paralela ao eixo das abscissas, pois é da forma $y = cons\tan te$.

Calculando a distância de P a F, temos:

$$d(P,F)=\sqrt{\left(x+\frac{b}{2a}\right)^2+\left(ax^2+bx+c-\frac{1-\Delta}{4a}\right)^2}=$$

$$\sqrt{\left(x+\frac{b}{2a}\right)^2+\left(\frac{4a^2x^2+4abx+4ac-1+b^2-4ac}{4a}\right)^2}=$$

$$=\sqrt{\left(\frac{2ax+b}{2a}\right)^2+\left(\frac{(2ax+b)^2-1}{4a}\right)^2}=\sqrt{\frac{(2ax+b)^2}{4a^2}+\frac{[(2ax+b)^2-1]^2}{16a^2}}=$$

$$=\sqrt{\frac{4(2ax+b)^2+(2ax+b)^4-2(2ax+b)^2+1}{16a^2}}=\sqrt{\frac{(2ax+b)^4+2(2ax+b)^2+1}{16a^2}}=$$

$$=\sqrt{\frac{[(2ax+b)^2+1]^2}{16a^2}}=\sqrt{\left(\frac{(2ax+b)^2+1}{4a}\right)^2}=\left|\frac{(2ax+b)^2+1}{4a}\right|$$

Para calcular a distância de $P=(x,ax^2+bx+c)$ à reta $y=-\frac{1+\Delta}{4a}$, primeiramente projetamos P sobre a reta. A interseção da perpendicular à reta dada passando por P com a reta é o ponto $U=\left(x,-\frac{1+\Delta}{4a}\right)$. Logo, a distância de P à reta é a distância de P a U:

$$d(P,d)=d(P,U)=\sqrt{(x-x)^2+\left(ax^2+bx+c+\frac{1+\Delta}{4a}\right)^2}=\left|ax^2+bx+c+\frac{1+\Delta}{4a}\right|=$$

$$=\left|\frac{4a^2x^2+4abx+4ac+1+b^2-4ac}{4a}\right|=\left|\frac{(2ax+b)^2+1}{4a}\right|$$

Como a distância de P a F é igual à distância de P à reta dada, para qualquer ponto P pertencente à curva de equação $y = ax^2 + bx + c$, fica realmente demonstrado que esta curva é uma parábola, de foco em F e que possui como diretriz a reta dada.

Os teoremas 1 e 2 mostram que, realmente, o gráfico da função quadrática é a curva chamada parábola (com diretriz paralela ao eixo das abscissas). No sentido de que toda função quadrática tem como gráfico uma curva deste tipo e que não existe outra função (além da quadrática) que tenha como gráfico curva deste tipo. As demonstrações foram bastante construtivas, uma vez que conseguimos encontrar, através delas, as fórmulas do foco, da diretriz e do vértice da parábola (definido até aqui apenas como o ponto médio do segmento que une o foco à projeção dele na diretriz). As conclusões estão colocadas a seguir:

Uma função $f: \mathbb{R} \to \mathbb{R}$ tem como gráfico uma parábola com diretriz paralela ao eixo das abscissas se, e somente se, esta função é uma função quadrática (com fórmula do tipo $f(x) = ax^2 + bx + c$, com $a, b, c \in \mathbb{R}$ e $a \neq 0$). Neste caso, o foco, a diretriz e o vértice da parábola são dados, respectivamente, pelas fórmulas abaixo, onde $\Delta = b^2 - 4ac$:

$$F = \left(-\frac{b}{2a}, \frac{1-\Delta}{4a}\right), \quad y = -\frac{1+\Delta}{4a} \quad \text{e} \quad V = \left(-\frac{b}{2a}, -\frac{\Delta}{4a}\right)$$

Exemplo 1: Encontre o foco, o vértice e a diretriz da parábola que é o gráfico da função quadrática $f(x) = 2x^2 - 3x + 1$. Temos, aqui, que: $a = 2$, $b = -3$ e $c = 1$. Assim:

$$\Delta = b^2 - 4ac = (-3)^2 - 4 \times 2 \times 1 = 9 - 8 = 1$$

$$F = \left(-\frac{(-3)}{2 \times 2}, \frac{1-1}{4 \times 2} \right) = \left(\frac{3}{4}, 0 \right)$$

$$V = \left(\frac{3}{4}, -\frac{1}{4 \times 2} \right) = \left(\frac{3}{4}, -\frac{1}{8} \right)$$

Diretriz: $y = -\frac{1+1}{4 \times 2} \Rightarrow y = -\frac{1}{4}$

Resposta: O foco é o ponto $F = \left(\frac{3}{4}, 0 \right)$. O vértice é o ponto $V = \left(\frac{3}{4}, -\frac{1}{8} \right)$. A diretriz da parábola é a reta de equação $y = -\frac{1}{4}$.

OBS: Mais uma vez é preciso ressaltar que, aqui, mostramos que uma função real de variável real é quadrática se, e somente se, seus pontos estão em cima de uma parábola. Para mostrar que esta parábola é uma curva contínua, que não há "buracos" ou espaços vazios entre seus pontos, precisamos discutir temas ligados à Análise Matemática, o que não será feito aqui. Nada impede que o professor possa discutir esta continuidade de forma intuitiva.

Atividades para a Sala

1) Para cada uma das funções quadráticas abaixo, encontre o foco, o vértice e a reta diretriz da parábola que é o seu gráfico:

    a) $f(x) = 3x^2 - 5x + 1$

    b) $f(x) = -5x^2 + x$

    c) $f(x) = x^2 - 6x + 9$

    d) $f(x) = -x^2 + 10x - 25$

    e) $f(x) = 2x^2 + x + 1$

    f) $f(x) = \frac{2x^2}{3} - \frac{5x}{4} + \frac{1}{2}$

2) Construa o gráfico de cada função do exercício anterior, destacando os elementos calculados.

2.2. Propriedade Interessante da Parábola

A propriedade que demonstraremos aqui é a seguinte: se $a > 0$, qualquer secante à parábola traçada por dois pontos dela fará com que a parte da parábola compreendida entre os dois pontos fique totalmente ABAIXO da secante. Observe que, de forma alguma, este fato pode ser utilizado como definição de concavidade para cima. É apenas uma propriedade interessante que será demonstrada. Observe o desenho seguinte:

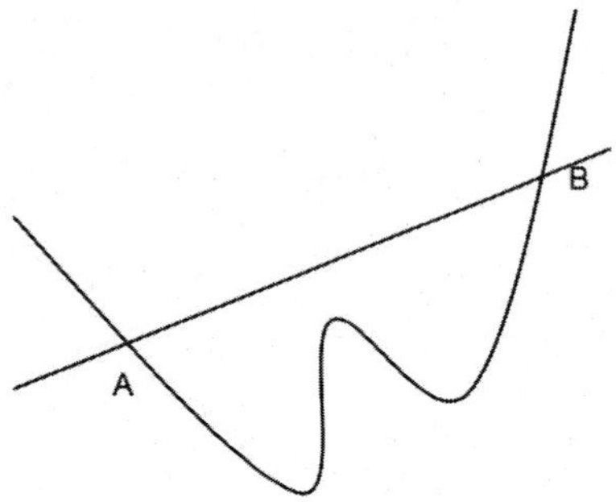

Veja que esta curva, entre os pontos A e B, está totalmente abaixo da secante a ela traçada pelos pontos A e B. Porém, ela não é côncava para cima entre A e B.

> ***Teorema 3***: Seja $f: \mathbb{R} \to \mathbb{R}$ uma função quadrática (de fórmula $f(x) = ax^2 + bx + c$). Tomemos dois pontos $(x_1, f(x_1))$ e $(x_2, f(x_2))$ pertencentes à parábola que é gráfico desta função, com $x_1 < x_2$. Consideremos a reta secante à parábola que passa pelos pontos tomados. Se $a > 0$, qualquer ponto da parábola encontra-se abaixo da reta para todo p, com $x_1 < p < x_2$.

Demonstração: Dados $x_1, x_2 \in \mathbb{R}$, com $x_1 < x_2$, consideremos os pontos $(x_1, f(x_1))$ e $(x_2, f(x_2))$, que pertencem à parábola que é o gráfico da função quadrática $f(x) = ax^2 + bx + c$.

Primeiramente, vamos encontrar a fórmula da função afim ($g(x) = kx + w$) cujo gráfico é a reta que passa pelos pontos tomados. Assim, devemos ter:

$$g(x_1) = f(x_1) = ax_1^{\ 2} + bx_1 + c \Rightarrow kx_1 + w = ax_1^{\ 2} + bx_1 + c$$

(equação 1)

e $$g(x_2) = f(x_2) = ax_2^{\ 2} + bx_2 + c \Rightarrow kx_2 + w = ax_2^{\ 2} + bx_2 + c$$

(equação 2)

Fazendo (equação 1) menos (equação 2), temos :

$$k(x_1 - x_2) = a(x_1^{\ 2} - x_2^{\ 2}) + b(x_1 - x_2)$$

Logo:

$$k(x_1 - x_2) = a(x_1 - x_2)(x_1 + x_2) + b(x_1 - x_2) = (x_1 - x_2)[a(x_1 + x_2) + b]$$

Como $(x_1 - x_2) \neq 0$, pois, por hipótese, $x_1 < x_2$, podemos multiplicar os membros por $\dfrac{1}{x_1 - x_2}$ e obtermos: $k = a(x_1 + x_2) + b$.

Substituindo na equação 1, temos:

$$w = ax_1^{\ 2} + bx_1 + c - kx_1$$
$$w = ax_1^{\ 2} + bx_1 + c - (ax_1 + ax_2 + b)x_1$$
$$w = ax_1^{\ 2} + bx_1 + c - ax_1^{\ 2} - ax_1x_2 - bx_1$$
$$w = c - ax_1x_2$$

Logo, a reta secante à parábola pelos pontos dados é a reta que representa a função afim:

$$g(x) = (ax_1 + ax_2 + b)x + (c - ax_1x_2)$$

A demonstração estará completa quando mostrarmos que, $\forall p \in \mathbb{R}$, com $x_1 < p < x_2$, temos $g(p) > f(p)$, se $a > 0$. Tomemos, então, p nas condições exigidas. Se $x_1 < p$, então $(p - x_1) > 0$. A hipótese nos diz que $x_2 > p$. Multiplicando-se ambos os membros da desigualdade anterior por $(p - x_1)$, temos que ela não se altera, pois $(p - x_1) > 0$. Assim:

$$\begin{aligned} & x_2 > p \Rightarrow x_2(p - x_1) > p(p - x_1) \Rightarrow x_2p - x_2x_1 > p^2 - px_1 \Rightarrow \\ & \Rightarrow x_2p + px_1 > p^2 + x_2x_1 \Rightarrow p(x_1 + x_2) > p^2 + x_1x_2 \Rightarrow \\ & \Rightarrow p(x_1 + x_2) - x_1x_2 - p^2 > 0 \end{aligned}$$

Como $a > 0$, podemos multiplicar ambos os membros da desigualdade acima por a sem alterá-la. Teremos:

$$ap(x_1 + x_2) - ax_1x_2 - ap^2 > 0 \Rightarrow apx_1 + apx_2 - ax_1x_2 > ap^2$$

Somando-se $(bp + c)$ a ambos os membros da desigualdade acima:

$$apx_1 + apx_2 + bp + c - ax_1x_2 > ap^2 + bp + c \Rightarrow$$
$$\Rightarrow (ax_1 + ax_2 + b)p + (c - ax_1x_2) > ap^2 + bp + c \Rightarrow g(p) > f(p)$$

o que conclui a demonstração.

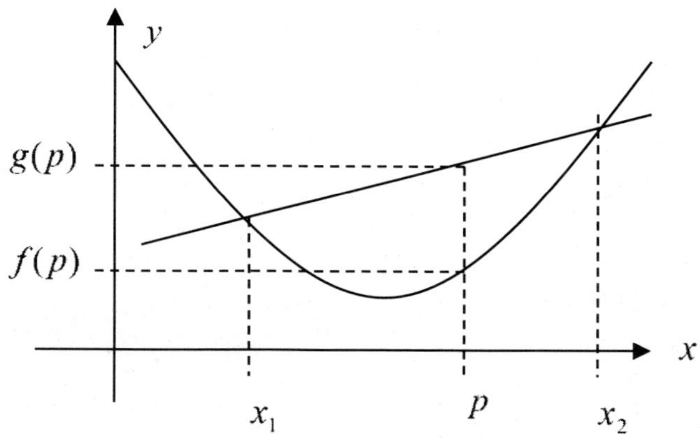

O teorema 4 é análogo ao 3, mas refere-se à função quadrática com $a < 0$:

Teorema 4 : Seja $f: \mathbb{R} \to \mathbb{R}$ uma função quadrática (de fórmula $f(x) = ax^2 + bx + c$). Tomemos dois pontos $(x_1, f(x_1))$ e $(x_2, f(x_2))$ pertencentes à parábola que é gráfico desta função, com $x_1 < x_2$. Consideremos a reta secante à parábola que passa pelos pontos tomados. Se $a < 0$, qualquer ponto da parábola encontra-se acima da reta para todo p, com $x_1 < p < x_2$.

Demonstração: Idêntica à do teorema anterior. Porém, ao se multiplicar ambos os membros da desigualdade $p(x_1 + x_2) - x_1x_2 - p^2 > 0$ por a devemos invertê-la, pois, neste caso, temos $a < 0$. Desse modo:

$$ap(x_1 + x_2) - ax_1x_2 - ap^2 < 0 \Rightarrow apx_1 + apx_2 - ax_1x_2 < ap^2$$

Somando-se $(bp + c)$ a ambos os membros da desigualdade acima:

$$apx_1 + apx_2 + bp + c - ax_1x_2 < ap^2 + bp + c \Rightarrow$$
$$\Rightarrow (ax_1 + ax_2 + b)p + (c - ax_1x_2) < ap^2 + bp + c \Rightarrow g(p) < f(p), \forall x_1 < p < x_2$$

o que conclui a demonstração.

Assim, se $a > 0$, a parábola está sempre ABAIXO de qualquer secante a ela, entre os pontos de interseção da secante com a parábola. Se $a < 0$, está sempre ACIMA. Como já foi dito, estes fatos, rigorosamente, não provam a concavidade. A próxima seção tratará da questão da concavidade.

2.3. Concavidade da Parábola

Concavidade é fundamentalmente um conceito da Análise Matemática. Portanto, não há como analisar a concavidade da parábola sem trabalhar (mesmo que minimamente) com esta área do conhecimento. É o único ponto desta obra em que chamaremos conceitos desta área, contrariando o objetivo inicial de trabalhar apenas com propriedades dos números reais.

A verificação da concavidade é ponto a ponto. Vamos, aqui, transcrever o conceito (definição) de concavidade para cima, presente na obra ***"O Cálculo com Geometria Analítica – Volume 1"*** de **Louis Leithold** (Referência Bibliográfica), texto de referência no ensino superior:

"O gráfico de uma função f será côncavo para cima no ponto $(c, f(c))$ se $f'(c)$ existir e se houver um intervalo aberto I contendo c, tal que para todos os valores de $x \neq c$ em I, o ponto $(x, f(x))$ do gráfico estará acima da reta tangente ao gráfico em $(c, f(c))$."

Primeiramente, vemos que foi feita alusão à derivada de uma função f em $x = c$ (a definição diz que $f'(c)$ deve existir). Não trabalharemos aqui com o conceito de derivada. Apenas podemos mencionar que, existir a derivada de uma função em determinado ponto é equivalente a dizer que a função possui reta tangente ao seu gráfico passando por aquele ponto.

Consideremos uma função quadrática $f: \mathbb{R} \to \mathbb{R}$ dada por $f(x) = ax^2 + bx + c$ $(a \neq 0)$. Sem demonstrações, pois não é o objetivo principal deste trabalho, diremos que esta função possui derivada em todos os pontos de seu domínio. Isso quer dizer que, $\forall p \in \mathbb{R}$, a função acima possui uma reta tangente a seu gráfico no ponto $(p, f(p))$.

Se observarmos a demonstração do teorema 3, ali encontramos que a equação da reta secante ao gráfico de $f(x) = ax^2 + bx + c$ passando por $(x_1, f(x_1))$ e $(x_2, f(x_2))$ é dada por: $y = (ax_1 + ax_2 + b)x + (c - ax_1x_2)$. A equação da reta tangente ao gráfico de f no ponto $(x_1, f(x_1))$ será obtida por um processo de "limite". Imaginemos que x_1 é mantido fixo e que x_2 "aproxima-se" cada vez mais de x_1. O resultado será uma sucessão de retas secantes a f que se aproximam cada vez mais da tangente a f em $(x_1, f(x_1))$. No final deste processo, teremos a equação da tangente, que será: $y = (ax_1 + ax_1 + b)x + (c - ax_1x_1)$ ou $y = (2ax_1 + b)x + (c - ax_1^2)$. Observemos que este é apenas um "artifício" que deu certo. Na verdade, a derivada é obtida através do limite da taxa de variação da função quando x_2 aproxima-se de x_1 (o que foi feito não é a derivada). Da forma colocada acima, "parece" que tiramos o limite com duas variáveis, pois x_2 estava variando e x já era a variável original. Mas serve apenas para um "convencimento" de que esta é a equação da tangente.

Substituindo x_1 por p, temos que a equação da reta tangente ao gráfico de $f(x) = ax^2 + bx + c$, no ponto $(p, f(p))$ é : $y = (2ap + b)x + (c - ap^2)$.

No próximo teorema, mostraremos que a função quadrática, quando $a > 0$, é côncava para cima em todos os pontos de seu domínio. Podemos dizer, neste caso, que a PARÁBOLA que representa o gráfico da função é côncava para cima.

Teorema 5 : Seja $f: \mathbb{R} \to \mathbb{R}$ uma função quadrática, dada por $f(x) = ax^2 + bx + c$. Se $a > 0$, então o gráfico de f é uma parábola CÔNCAVA PARA CIMA.

Demonstração: Fixemos $p \in \mathbb{R}$ qualquer. Vamos mostrar que f é côncava para cima em p. Para isto, tomemos $q \in \mathbb{R}$, com $q \neq p$. Se $q \neq p$, então $(p - q)^2 > 0$. E, como $a > 0$, temos:

$$(p - q)^2 > 0 \Rightarrow a(p - q)^2 > a.0 \Rightarrow a(p^2 - 2pq + q^2) > 0 \Longrightarrow$$

$$\Longrightarrow aq^2 > 2apq - ap^2 \Longrightarrow aq^2 + bq + c > 2apq + bq + c - ap^2 \Longrightarrow$$

$$\Longrightarrow f(q) > (2ap + b)q + (c - ap^2)$$

O segundo membro da desigualdade obtida é a ordenada do ponto de abscissa q sobre a reta tangente a f em $(p, f(p))$. Com isso, mostramos que qualquer ponto da parábola de abscissa diferente de p encontra-se ACIMA da reta tangente a f em p. Isso mostra que a função é côncava para cima em p, como era o objetivo demonstrar. Como p é qualquer, vemos que, se $a > 0$, a parábola é realmente côncava para cima (em todos os seus pontos).

O próximo teorema é a recíproca.

Teorema 6: Se a parábola que representa a função $f(x) = ax^2 + bx + c$ é côncava para cima, então $a > 0$.

Demonstração: Se a parábola é côncava para cima, particularmente o é em $x = 1$. Isso quer dizer que existe um intervalo aberto I contendo 1 tal que, para todos os x em I (exceto $x = 1$), o ponto $(x, f(x))$ está acima da reta tangente ao gráfico de f em $x = 1$. Mas, pelo que já foi exposto, a equação da reta tangente a f em $x = 1$ é: $y = (2a + b)x + (c - a)$.

Podemos dizer, então, que existe $\delta > 0$ tal que:

$$f(1 + \delta) > (2a + b)(1 + \delta) + (c - a).$$

Assim:

$$a(1 + \delta)^2 + b(1 + \delta) + c > (2a + b)(1 + \delta) + (c - a) \Rightarrow$$

$$\Rightarrow a + 2a\delta + a\delta^2 + b + b\delta + c > 2a + 2a\delta + b + b\delta + c - a$$

$$\Rightarrow a\delta^2 > 0 \overset{\delta \neq 0}{\Longrightarrow} a > 0$$

O que demonstra o resultado.

Finalmente, podemos reunir os dois resultados e dizer que:

O gráfico de uma função quadrática é uma parábola côncava para cima se, e somente se, $a > 0$.

Na mesma referência bibliográfica, podemos tomar a definição (análoga) de função côncava para baixo (em um ponto). Podemos, então, enunciar e provar teoremas análogos aos 5 e 6 para função quadrática com $a < 0$ (fica a cargo do leitor). Finalmente, podemos enunciar que:

O gráfico de uma função quadrática é uma parábola côncava para baixo se, e somente se, $a < 0$.

Em figura:

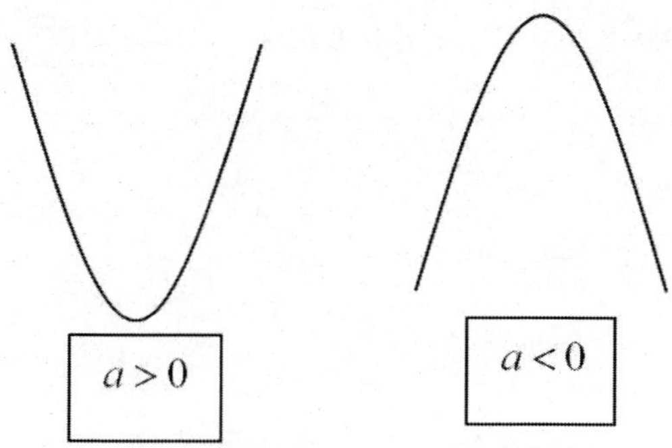

Atividades para a Sala

3) Classifique quanto à concavidade as parábolas que são os gráficos das funções quadráticas do exercício 1.

4) Determine os valores de m para os quais a função $y = (-5m + 2)x^2 + (m - 1)x + 8$ tem como gráfico uma reta, uma parábola côncava para cima e uma parábola côncava para baixo.

2.4. Forma Canônica da Função Quadrática

Toda fórmula de função quadrática pode ser escrita numa forma interessante, que permite demonstrar muitas de suas propriedades. É a forma CANÔNICA. Ela é obtida pela conhecida técnica de "completar quadrados".

Seja $f: \mathbb{R} \to \mathbb{R}$ uma função quadrática de fórmula $f(x) = ax^2 + bx + c$ (com a, b e $c \in \mathbb{R}$ e $a \neq 0$). Como $a \neq 0$, podemos colocá-lo em evidência e escrever:

$$f(x) = a\left(x^2 + \frac{b}{a}x + \frac{c}{a}\right)$$

Somando e subtraindo o termo $\dfrac{b^2}{4a^2}$ dentro dos parênteses, produzimos um trinômio quadrado perfeito:

$$f(x) = a\left(x^2 + \frac{b}{a}x + \frac{b^2}{4a^2} + \frac{c}{a} - \frac{b^2}{4a^2}\right)$$

Então, temos:

$$f(x) = a\left[\left(x + \frac{b}{2a}\right)^2 + \left(\frac{c}{a} - \frac{b^2}{4a^2}\right)\right]$$

$$f(x) = a\left[\left(x + \frac{b}{2a}\right)^2 + \left(\frac{4ac - b^2}{4a^2}\right)\right]$$

$$f(x) = a\left(x + \frac{b}{2a}\right)^2 + \frac{\left[-(b^2 - 4ac)\right]}{4a}$$

Já dissemos que, no estudo da função quadrática, é interessante chamar a expressão $(b^2 - 4ac)$ de discriminante e denotá-la pelo símbolo Δ. Assim, chamando $\Delta = b^2 - 4ac$, temos que a fórmula de qualquer função quadrática pode ser escrita na forma canônica, que é:

$$f(x) = a\left(x + \frac{b}{2a}\right)^2 - \frac{\Delta}{4a}$$

Exemplo 2: Escreva a função $f(x) = -2x^2 + 5x - 3$ na forma canônica.

Nesta função, temos: $a = -2$, $b = 5$ e $c = -3$. Então:

$$\Delta = b^2 - 4ac = 5^2 - 4(-2)(-3) = 25 - 24 = 1$$

Assim:

$$f(x) = -2\left(x + \frac{5}{2(-2)}\right)^2 - \frac{1}{4(-2)} \Rightarrow f(x) = -2\left(x - \frac{5}{4}\right)^2 + \frac{1}{8}$$

Atividades para a Sala

5) Escreva as fórmulas de todas as funções do exercício 1 na forma canônica.

2.5) Crescimento e Decrescimento da Função Quadrática

A função quadrática não é como a função afim, que é sempre crescente ou sempre decrescente. O formato da parábola nos mostra que existe um intervalo em que a função é crescente e outro em que ela é decrescente. Vamos, aqui, demonstrar estes fatos. Antes, porém, provaremos dois resultados auxiliares, que serão de suma importância na demonstração principal.

Resultado Auxiliar 1: Se $a,b \in \mathbb{R}$, $a<0$, $b<0$ e $a<b$, então $a^2 > b^2$.

Demonstração: Ao multiplicar-se ambos os membros da desigualdade $a<b$ por a ou b, devemos invertê-la, pois $a,b<0$. Então:

$$I) a<b \Rightarrow a^2 > ab \quad \text{e} \quad II) a<b \Rightarrow ab > b^2$$

De I e II concluímos, por transitividade, que: $a^2 > b^2$. Veja que este resultado é válido para a e b pertencentes a um corpo ordenado qualquer (e não só a $\mathbb{R}$).

Resultado Auxiliar 2: Se $a,b \in \mathbb{R}$, $a>0$, $b>0$ e $a<b$, então $a^2 < b^2$.

Demonstração: Ao multiplicar-se ambos os membros da desigualdade $a<b$ por a ou b, devemos mantê-la, pois $a,b>0$. Então:

$$I) a<b \Rightarrow a^2 < ab \quad \text{e} \quad II) a<b \Rightarrow ab < b^2$$

De I e II concluímos, por transitividade, que: $a^2 < b^2$. Veja que este resultado é válido para a e b pertencentes a um corpo ordenado qualquer (e não só a $\mathbb{R}$).

> ***Teorema 7*** : Se $a > 0$, então a função $f(x) = ax^2 + bx + c$ é DECRESCENTE se $x < -\dfrac{b}{2a}$ e CRESCENTE se $x > -\dfrac{b}{2a}$.

Demonstração

Primeira Parte: Tomemos $x_1 < x_2 < -\dfrac{b}{2a}$. Somando $\dfrac{b}{2a}$ aos membros da desigualdade, temos:

$$x_1 < x_2 < -\frac{b}{2a} \Rightarrow x_1 + \frac{b}{2a} < x_2 + \frac{b}{2a} < 0$$

Pelo Resultado Auxiliar 1, temos:

$$x_1 + \frac{b}{2a} < x_2 + \frac{b}{2a} < 0 \Rightarrow \left(x_1 + \frac{b}{2a}\right)^2 > \left(x_2 + \frac{b}{2a}\right)^2$$

E, como $a > 0$:

$$\left(x_1 + \frac{b}{2a}\right)^2 > \left(x_2 + \frac{b}{2a}\right)^2 \Rightarrow a\left(x_1 + \frac{b}{2a}\right)^2 > a\left(x_2 + \frac{b}{2a}\right)^2 \Rightarrow$$

$$\Rightarrow a\left(x_1 + \frac{b}{2a}\right)^2 - \frac{\Delta}{4a} > a\left(x_2 + \frac{b}{2a}\right)^2 - \frac{\Delta}{4a} \Rightarrow f(x_1) > f(x_2)$$

o que mostra o decrescimento da função no intervalo dado.

Segunda Parte: Tomemos $-\frac{b}{2a} < x_1 < x_2$. Logo, temos: $0 < x_1 + \frac{b}{2a} < x_2 + \frac{b}{2a}$. Pelo Resultado Auxiliar 2, temos : $\left(x_1 + \frac{b}{2a}\right)^2 < \left(x_2 + \frac{b}{2a}\right)^2$. Assim:

$$\left(x_1 + \frac{b}{2a}\right)^2 < \left(x_2 + \frac{b}{2a}\right)^2 \Rightarrow a\left(x_1 + \frac{b}{2a}\right)^2 < a\left(x_2 + \frac{b}{2a}\right)^2 \Rightarrow$$

$$\Rightarrow a\left(x_1 + \frac{b}{2a}\right)^2 - \frac{\Delta}{4a} < a\left(x_2 + \frac{b}{2a}\right)^2 - \frac{\Delta}{4a} \Rightarrow f(x_1) < f(x_2)$$

o que mostra o crescimento da função no intervalo dado, e conclui a demonstração.

Observe o desenho:

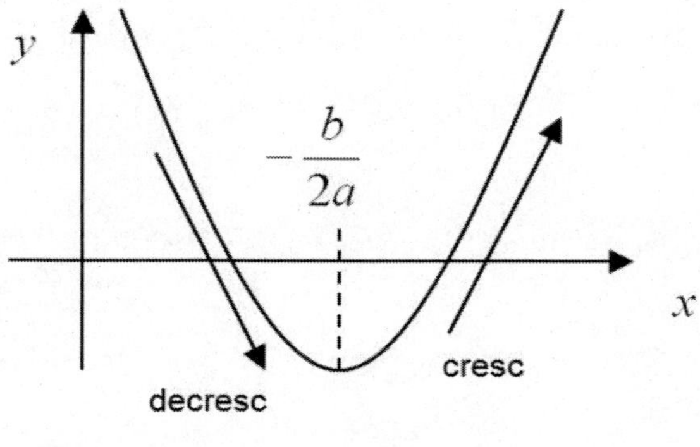

Teorema análogo é válido quando $a < 0$. A demonstração também é análoga e, portanto, deixada a cargo do leitor.

> ***Teorema 8***: Se $a<0$, então a função $f(x)=ax^2+bx+c$ é CRESCENTE se $x<-\dfrac{b}{2a}$ e DECRESCENTE se $x>-\dfrac{b}{2a}$.

Em figura:

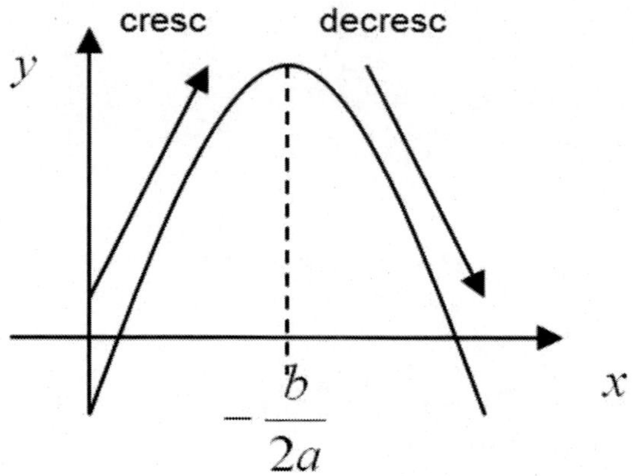

Exemplo 3: Determine os intervalos de crescimento e decrescimento da função quadrática $f(x)=5x^2-4x+6$.

Temos, aqui, que $a>0$ e que $-\dfrac{b}{2a}=-\dfrac{(-4)}{2\times 5}=\dfrac{4}{10}=\dfrac{2}{5}$.

Assim, pelo Teorema 7, temos que f é decrescente se $x<\dfrac{2}{5}$ e f é crescente se $x>\dfrac{2}{5}$.

Atividades para a Sala

6) Determine os intervalos de crescimento e decrescimento de todas as funções quadráticas do exercício 1.

2.6. Valor Extremo da Função Quadrática

Toda função quadrática ($f(x)=ax^2+bx+c$) pode, como já sabemos, ser escrita na forma $f(x)=a\left(x+\frac{b}{2a}\right)^2-\frac{\Delta}{4a}$, onde $\Delta=b^2-4ac$ (forma canônica). Os teoremas a seguir mostram uma propriedade importante da função quadrática: ela possui valor extremo absoluto. Isso será provado com o auxílio da forma canônica. Se $a>0$, a função possui mínimo absoluto. Se $a<0$, possui máximo absoluto.

Resultado Auxiliar 3 : $a^2 \geq 0$, $\forall a \in \mathbb{R}$.

Demonstração

Se $a=0$, temos $a^2=0\geq 0$.

Se $a > 0$, multiplicamos ambos os membros desta desigualdade por a sem invertê-la, e temos: $a \times a > 0 \times a \Rightarrow a^2 > 0 \geq 0$.

Se $a < 0$, multiplicamos ambos os membros desta desigualdade por a invertendo-a, e temos: $a \times a > 0 \times a \Rightarrow a^2 > 0 \geq 0$.

Teorema 9: Se $a > 0$, a função $f(x) = ax^2 + bx + c$ admite valor mínimo absoluto dado por $-\frac{\Delta}{4a}$, ou seja, $f(x) \geq -\frac{\Delta}{4a}$, $\forall x \in \mathbb{R}$.

Demonstração: Para todo $x \in \mathbb{R}$, temos que $\left(x + \frac{b}{2a}\right)^2 \geq 0$ (Resultado Auxiliar 3). Como $a > 0$, podemos multiplicar ambos os membros da desigualdade acima por a sem invertê-la. Desse modo:

$$\left(x + \frac{b}{2a}\right)^2 \geq 0 \Rightarrow a\left(x + \frac{b}{2a}\right)^2 \geq a \times 0 = 0 \Rightarrow a\left(x + \frac{b}{2a}\right)^2 - \frac{\Delta}{4a} \geq 0 - \frac{\Delta}{4a} \Rightarrow f(x) \geq -\frac{\Delta}{4a}, \forall x \in \Re$$

o que conclui a demonstração.

Uma outra pergunta de grande interesse é: "para qual ou quais valores de x a função $f(x) = ax^2 + bx + c = a\left(x + \frac{b}{2a}\right)^2 - \frac{\Delta}{4a}$

atinge seu valor mínimo, se $a > 0$?" Respondemos a esta pergunta resolvendo a equação $f(x) = -\dfrac{\Delta}{4a}$:

$$a\left(x+\frac{b}{2a}\right)^2 - \frac{\Delta}{4a} = -\frac{\Delta}{4a} \Leftrightarrow a\left(x+\frac{b}{2a}\right)^2 = 0 \Leftrightarrow \left(x+\frac{b}{2a}\right)^2 = 0 \Leftrightarrow x+\frac{b}{2a} = 0 \Leftrightarrow x = -\frac{b}{2a}$$

Desse modo, vemos que, se $a > 0$, a função $f(x) = ax^2 + bx + c$ tem VALOR MÍNIMO (absoluto) dado por $-\dfrac{\Delta}{4a}$ e que este valor é atingido quando $x = -\dfrac{b}{2a}$. Observe que estes valores de x e y correspondem, exatamente, às coordenadas do vértice da parábola, encontradas na seção 1 deste capítulo. Assim, se $a > 0$, dizemos que o vértice $V = \left(-\dfrac{b}{2a}, -\dfrac{\Delta}{4a}\right)$ é o PONTO MÍNIMO da parábola.

Uma outra forma de dizer que a função quadrática assume valor mínimo se $a > 0$ é dizer que seu conjunto-imagem é composto por todos os valores reais de y maiores ou iguais ao mínimo. Assim, se $a > 0$, o conjunto-imagem da função $f(x) = ax^2 + bx + c$ é:

$$Im(f) = \left\{y \in \mathbb{R} / \, y \geq -\frac{\Delta}{4a}\right\}$$

Resultado análogo existe para a função quadrática em que $a < 0$. Neste caso, o VALOR MÁXIMO (absoluto) da função é dado por $-\dfrac{\Delta}{4a}$, sendo atingido quando $x = -\dfrac{b}{2a}$. Neste caso, o vértice $V = \left(-\dfrac{b}{2a}, -\dfrac{\Delta}{4a}\right)$ é o PONTO MÁXIMO da parábola e o conjunto imagem de f é: $Im(f) = \left\{y \in \mathbb{R} / \, y \leq -\frac{\Delta}{4a}\right\}$. A demonstração do teorema 10 fica a cargo do leitor.

> ***Teorema 10***: Se $a < 0$, a função $f(x) = ax^2 + bx + c$ admite valor máximo absoluto dado por $-\dfrac{\Delta}{4a}$, ou seja, $f(x) \leq -\dfrac{\Delta}{4a}$, $\forall x \in \mathbb{R}$.

Exemplo 4: Para a função quadrática $f(x) = -3x^2 + x - 1$, temos que:

$$\Delta = 1^2 - 4 \times (-3) \times (-1) = 1 - 12 = -11$$

$$-\frac{b}{2a} = -\frac{1}{2 \times (-3)} = \frac{1}{6} \text{ e } -\frac{\Delta}{4a} = -\frac{(-11)}{4 \times (-3)} = \frac{11}{12}$$

Assim, seu VALOR MÁXIMO é $\dfrac{11}{12}$, seu PONTO MÁXIMO é $\left(\dfrac{1}{6}, \dfrac{11}{12}\right)$ e seu CONJUNTO-IMAGEM é: $Im(f) = \left\{y \in \mathbb{R} / \, y \leq \frac{11}{12}\right\}$.

Atividades para a Sala

7) Determine o valor extremo, o ponto extremo e o conjunto-imagem de todas as funções do exercício 1.

2.7. Eixo de Simetria da Parábola

O próximo teorema nos mostra que a reta $x=-\dfrac{b}{2a}$ funciona como um "espelho" para a parábola, ou seja, separa-a em duas partes, sendo uma o "reflexo" da outra.

Teorema 11: Seja $f(x)=ax^2+bx+c$ uma função quadrática. Então, $\forall\delta\in\mathbb{R}_+^*$, temos que $f\left(-\dfrac{b}{2a}-\delta\right)=f\left(-\dfrac{b}{2a}+\delta\right)$.

Demonstração: Primeiramente, escrevemos f na forma canônica: $f(x)=a\left(x+\dfrac{b}{2a}\right)^2-\dfrac{\Delta}{4a}$. Basta ver que, $\forall\delta\in\mathbb{R}_+^*$:

$$f\left(-\frac{b}{2a}-\delta\right)=a\left(-\frac{b}{2a}-\delta+\frac{b}{2a}\right)^2-\frac{\Delta}{4a}=a(-\delta)^2-\frac{\Delta}{4a}=a\delta^2-\frac{\Delta}{4a}$$

e

$$f\left(-\frac{b}{2a}+\delta\right)=a\left(-\frac{b}{2a}+\delta+\frac{b}{2a}\right)^2-\frac{\Delta}{4a}=a(\delta)^2-\frac{\Delta}{4a}=a\delta^2-\frac{\Delta}{4a}$$

o que conclui a demonstração. Veja que o resultado é válido para $\delta \in \mathbb{R}_+^*$ qualquer.

O teorema, em síntese, nos mostra que, sempre que nos afastamos igualmente de $-\frac{b}{2a}$ (para a esquerda ou para a direita), obtemos sempre imagens iguais pela função. Isso nos mostra que, realmente, a reta $x=-\frac{b}{2a}$ é um eixo de simetria da parábola. Sobra a questão: será que não existe outra reta que também seja eixo de simetria da parábola? A resposta é não, mas a demonstração foge ao escopo do ensino básico. Logo, não a apresentaremos.

2.8. Raízes da Função Quadrática

As raízes de uma função são os valores da variável independente (x) que anulam a função, ou seja, os valores de

x para os quais $f(x)=0$. Dada uma função quadrática, de fórmula $f(x)=ax^2+bx+c$ ou $f(x)=a\left(x+\frac{b}{2a}\right)^2-\frac{\Delta}{4a}$ (forma canônica), acharemos suas raízes resolvendo a equação:

$$f(x)=0 \Rightarrow a\left(x+\frac{b}{2a}\right)^2-\frac{\Delta}{4a}=0 \Rightarrow a\left(x+\frac{b}{2a}\right)^2=\frac{\Delta}{4a} \Rightarrow \left(x+\frac{b}{2a}\right)^2=\frac{\Delta}{4a^2}$$

Aqui, vemos que o número de soluções da equação dependerá do valor de Δ. Portanto, vamos analisar os casos possíveis:

Caso 1 **:** $\Delta<0$: Neste caso, teremos equação do tipo $\left(x+\frac{b}{2a}\right)^2=u$, com $u<0$. Esta equação não possui solução real, pois, se x é real, temos que $\left(x+\frac{b}{2a}\right)^2\geq 0$ (Resultado Auxiliar 3).

Caso 2 **:** $\Delta=0$: Neste caso, teremos : $\left(x+\frac{b}{2a}\right)^2=0 \Leftrightarrow x+\frac{b}{2a}=0 \Leftrightarrow x=-\frac{b}{2a}$. Dizemos que $x=-\frac{b}{2a}$ é raiz dupla ou raiz de multiplicidade 2 da função.

Caso 3 **:** $\Delta>0$: Neste caso, temos que $\frac{\Delta}{4a^2}>0$. Então, a função quadrática terá duas raízes reais distintas, dadas por:

$$x + \frac{b}{2a} = \pm\sqrt{\frac{\Delta}{4a^2}} \Rightarrow x = -\frac{b}{2a} \pm \frac{\sqrt{\Delta}}{2|a|}$$

Temos que $|a| = \pm a$ (dependendo do sinal de a). Mas como a fórmula acima já contém $\pm$, podemos "dispensar" o módulo, chegando à famosa "Fórmula de Báskhara":

$$x = \frac{-b \pm \sqrt{\Delta}}{2a}, \text{ onde } \Delta = b^2 - 4ac$$

Os resultados obtidos estão resumidos no teorema a seguir:

Teorema 12: Seja $f : \mathbb{R} \to \mathbb{R}$ uma função de fórmula $f(x) = ax^2 + bx + c$, com $a, b, c \in \mathbb{R}$ e $a \neq 0$ (função quadrática).

Se $\Delta < 0$, a função não possui raízes reais.

Se $\Delta = 0$, a função possui uma raiz real dupla dada por $x = -\frac{b}{2a}$.

Se $\Delta > 0$, a função possui duas raízes reais distintas, dadas por $x = \frac{-b \pm \sqrt{\Delta}}{2a}$.

Geometricamente, as raízes representam as abscissas dos pontos onde a parábola intercepta o eixo x. Assim, pelo estudo feito, podemos concluir que:

Se $\Delta < 0$, a parábola que é o gráfico da referida função quadrática não interceptará o eixo das abscissas:

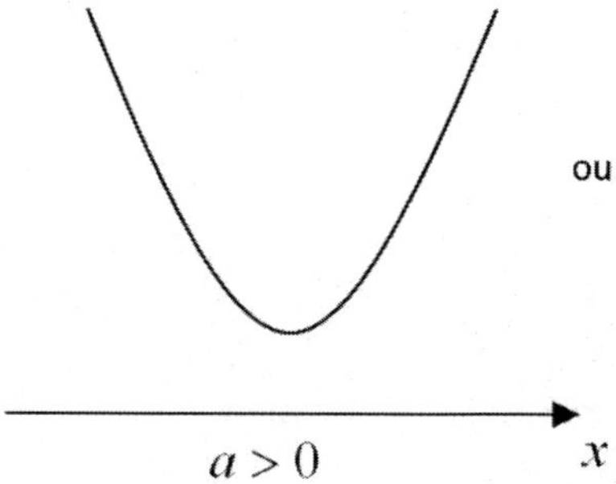

ou

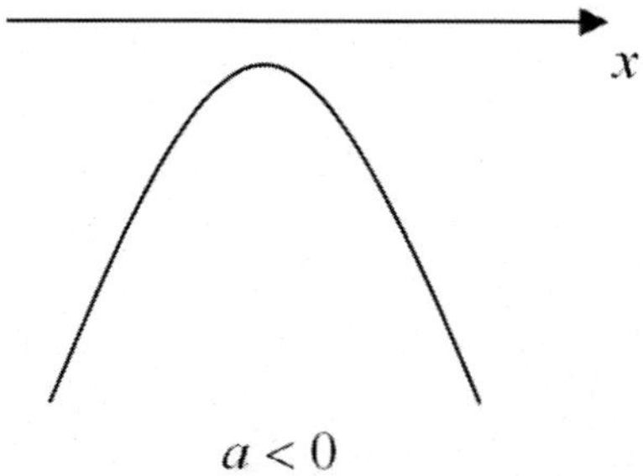

Se $\Delta = 0$, a parábola que é o gráfico da referida função quadrática apenas "encostará" no eixo das abscissas. Dizemos que a parábola tangenciará este eixo:

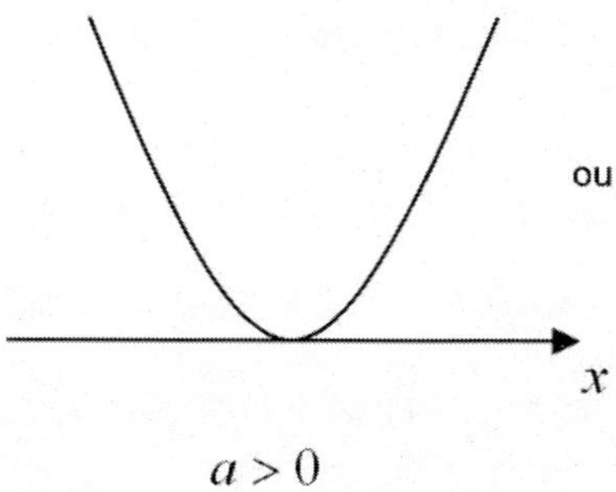

ou

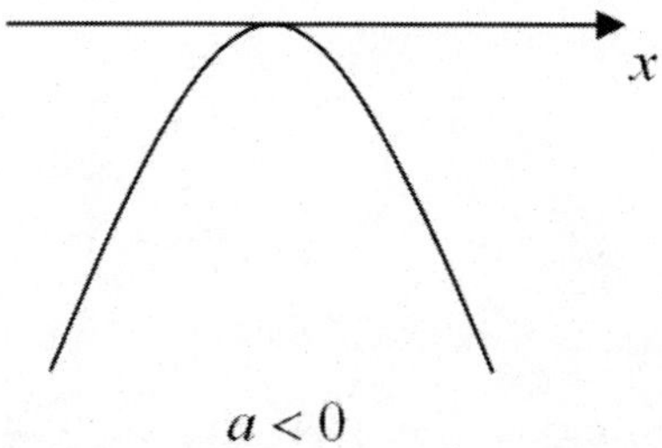

Se $\Delta > 0$, o eixo das abscissas será secante à parábola:

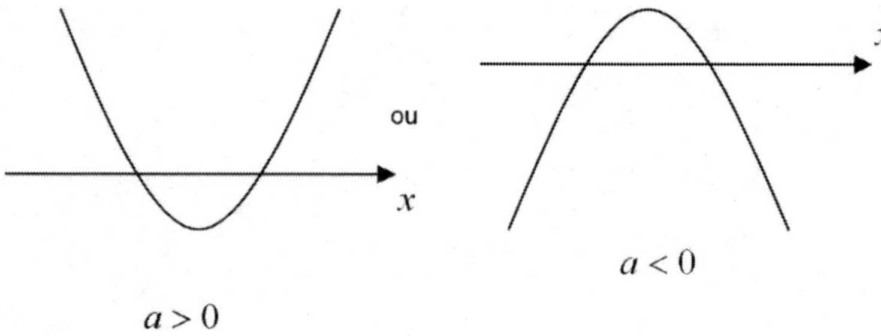

Além disso, temos que, se a função quadrática tem uma raiz real dupla, então ela intercepta o eixo x no ponto $\left(-\frac{b}{2a},0\right)$, ou seja, tangencia o eixo x. Se ela tem duas raízes reais distintas, interceptará o eixo x nos pontos $\left(\frac{-b+\sqrt{\Delta}}{2a},0\right)$ e $\left(\frac{-b-\sqrt{\Delta}}{2a},0\right)$.

Já para encontrar o ponto onde a parábola intercepta o eixo y, como já sabemos, basta calcular $f(0)=a\times 0^2+b\times 0+c=c$. Assim, temos que o ponto onde o gráfico de uma função do tipo $f(x)=ax^2+bx+c$ intercepta o eixo das ordenadas é $(0,c)$.

Atividades para a Sala

8) Determine, se houver, as raízes (reais) de todas as funções do exercício 1. Determine também os interceptos de cada gráfico (ponto(s) onde a parábola intercepta o eixo x (se houver) e o ponto onde intercepta o eixo y.).

9) A seguir estão os gráficos de duas funções quadráticas ($f(x) = ax^2 + bx + c$). Determine, para cada uma delas, os SINAIS de a, b, c e Δ :

a)

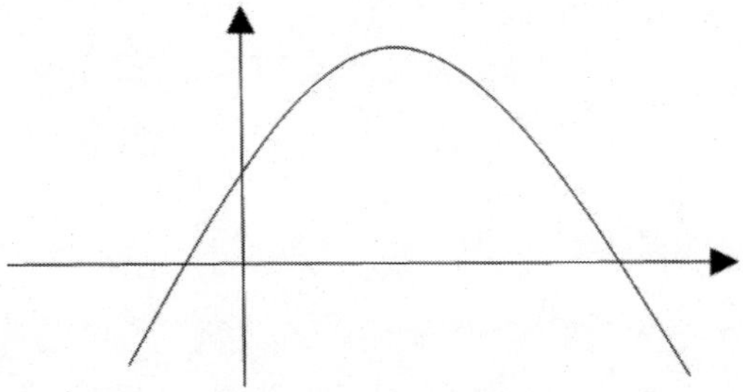

b)

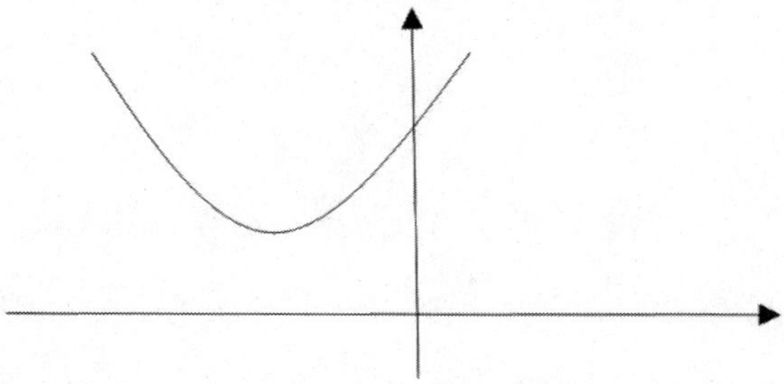

2.9. *Estudo de Sinais da Função Quadrática*

Já sabemos que estudar o sinal de uma função é dizer para quais valores de x temos $f(x) > 0, f(x) < 0$ e $f(x) = 0$. No caso da função quadrática, vamos separar esta análise em seis casos: $a > 0 \; e \; \Delta > 0$, $a < 0 \; e \; \Delta > 0$, $a > 0 \; e \; \Delta = 0$, $a < 0 \; e \; \Delta = 0$, $a > 0 \; e \; \Delta < 0$, $a < 0 \; e \; \Delta < 0$. Vamos a eles.

Primeiro Caso : $\boldsymbol{a > 0 \; e \; \Delta > 0}$

Tomemos uma função quadrática, já escrita em sua forma canônica: $f(x) = a\left(x + \frac{b}{2a}\right)^2 - \frac{\Delta}{4a}$. Se $f(x) > 0$, temos:

$$a\left(x + \frac{b}{2a}\right)^2 > \frac{\Delta}{4a} \overset{a>0}{\Longrightarrow} \left(x + \frac{b}{2a}\right)^2 > \frac{\Delta}{4a^2} \Rightarrow \left(x + \frac{b}{2a}\right)^2 - \frac{\Delta}{4a^2} > 0$$

Fatorando-se o binômio do primeiro membro acima, obtemos: $\left[\left(x + \frac{b}{2a}\right) + \frac{\sqrt{\Delta}}{2a}\right] . \left[\left(x + \frac{b}{2a}\right) - \frac{\sqrt{\Delta}}{2a}\right] > 0$. Observe que $\sqrt{\frac{\Delta}{4a^2}} = \frac{\sqrt{\Delta}}{2|a|}$. Mas, como $a > 0$, neste caso, temos o escrito acima.

Se $a.b > 0$, com $a \; e \; b$ reais, temos, então, apenas duas possibilidades: $a > 0 \; e \; b > 0$ ou $a < 0 \; e \; b < 0$. Logo, para que o produto acima seja positivo, devemos ter a situação A ou a situação B descritas a seguir:

A) $x+\frac{b}{2a}>-\frac{\sqrt{\Delta}}{2a}\ e\ x+\frac{b}{2a}>\frac{\sqrt{\Delta}}{2a}$. Como $\frac{\sqrt{\Delta}}{2a}$ é positivo (pois $\Delta>0\ e\ a>0$), a interseção das duas desigualdades anteriores se reduz à desigualdade: $x+\frac{b}{2a}>\frac{\sqrt{\Delta}}{2a}\Rightarrow x>\frac{-b+\sqrt{\Delta}}{2a}$.

B) $x+\frac{b}{2a}<-\frac{\sqrt{\Delta}}{2a}\ e\ x+\frac{b}{2a}<\frac{\sqrt{\Delta}}{2a}$. Como $\frac{\sqrt{\Delta}}{2a}$ é positivo (pois $\Delta>0\ e\ a>0$), a interseção das duas desigualdades anteriores se reduz à desigualdade: $x+\frac{b}{2a}<-\frac{\sqrt{\Delta}}{2a}\Rightarrow x<\frac{-b-\sqrt{\Delta}}{2a}$.

Concluímos, então, que: $f(x)>0\Rightarrow x<\frac{-b-\sqrt{\Delta}}{2a}\ ou\ x>\frac{-b+\sqrt{\Delta}}{2a}$.

Se $f(x)<0$, temos: $\left[\left(x+\frac{b}{2a}\right)+\frac{\sqrt{\Delta}}{2a}\right].\left[\left(x+\frac{b}{2a}\right)-\frac{\sqrt{\Delta}}{2a}\right]<0$. Se $a.b<0$, com $a\ e\ b$ reais, temos, então, apenas duas possibilidades : $a>0\ e\ b<0$ ou $a<0\ e\ b>0$. Logo, para que o produto acima seja negativo, devemos ter a situação A ou a situação B descritas abaixo:

A) $x+\frac{b}{2a}>-\frac{\sqrt{\Delta}}{2a}\ e\ x+\frac{b}{2a}<\frac{\sqrt{\Delta}}{2a}$ ou, reescrevendo : $-\frac{\sqrt{\Delta}}{2a}<x+\frac{b}{2a}<\frac{\sqrt{\Delta}}{2a}\Rightarrow\frac{-b-\sqrt{\Delta}}{2a}<x<\frac{-b+\sqrt{\Delta}}{2a}$.

B) $x+\frac{b}{2a}<-\frac{\sqrt{\Delta}}{2a}$ e $x+\frac{b}{2a}>\frac{\sqrt{\Delta}}{2a}$. Não há valor de x que satisfaça a estas duas condições simultaneamente.

Concluímos, então, que: $f(x)<0 \Rightarrow \frac{-b-\sqrt{\Delta}}{2a}<x<\frac{-b+\sqrt{\Delta}}{2a}$.

Para as recíprocas, temos:

A) $x<\frac{-b-\sqrt{\Delta}}{2a} \Rightarrow x<-\frac{b}{2a}-\frac{\sqrt{\Delta}}{2a} \Rightarrow x+\frac{b}{2a}<-\frac{\sqrt{\Delta}}{2a}<0 \Rightarrow$

$\left(x+\frac{b}{2a}\right)^2>\left(-\frac{\sqrt{\Delta}}{2a}\right)^2 \Rightarrow \left(x+\frac{b}{2a}\right)^2>\frac{\Delta}{4a^2} \Rightarrow$

$\Rightarrow f(x)>0$. Veja que, na terceira passagem, foi utilizado o resultado auxiliar 1 da seção 2.5.

B) $x>\frac{-b+\sqrt{\Delta}}{2a} \Rightarrow x>-\frac{b}{2a}+\frac{\sqrt{\Delta}}{2a} \Rightarrow x+\frac{b}{2a}>\frac{\sqrt{\Delta}}{2a}>0 \Rightarrow$

$\left(x+\frac{b}{2a}\right)^2>\left(\frac{\sqrt{\Delta}}{2a}\right)^2 \Rightarrow \left(x+\frac{b}{2a}\right)^2>\frac{\Delta}{4a^2} \Rightarrow$

$\Rightarrow f(x)>0$. Veja que, na terceira passagem, foi utilizado o resultado auxiliar 2 da seção 2.5.

C) $\frac{-b-\sqrt{\Delta}}{2a}<x<\frac{-b+\sqrt{\Delta}}{2a} \Rightarrow -\frac{b}{2a}-\frac{\sqrt{\Delta}}{2a}<x<-\frac{b}{2a}+\frac{\sqrt{\Delta}}{2a} \Rightarrow$

$-\frac{\sqrt{\Delta}}{2a}<x+\frac{b}{2a}<\frac{\sqrt{\Delta}}{2a} \Rightarrow \left|x+\frac{b}{2a}\right|<\frac{\sqrt{\Delta}}{2a} \Rightarrow$

$$\left(\left|x+\frac{b}{2a}\right|\right)^2<\left(\frac{\sqrt{\Delta}}{2a}\right)^2 \Rightarrow \left(x+\frac{b}{2a}\right)^2<\frac{\Delta}{4a^2} \Rightarrow f(x)<0$$

Finalmente, na seção sobre as raízes da função, vimos que, quando $\Delta > 0$, elas são: $x = \frac{-b \pm \sqrt{\Delta}}{2a}$. Podemos então dizer que: $f(x) = 0 \Leftrightarrow x = \frac{-b-\sqrt{\Delta}}{2a}$ ou $x = \frac{-b+\sqrt{\Delta}}{2a}$.

Vamos, então, enunciar o primeiro teorema desta seção, que foi demonstrado acima:

Teorema 13: Seja $f: \mathbb{R} \to \mathbb{R}$ uma função de fórmula $f(x) = ax^2 + bx + c$. Se $a > 0$ e $\Delta > 0$, então:

$$f(x) > 0 \Leftrightarrow x < \frac{-b-\sqrt{\Delta}}{2a} \ ou \ x > \frac{-b+\sqrt{\Delta}}{2a};$$

$$f(x) < 0 \Leftrightarrow \frac{-b-\sqrt{\Delta}}{2a} < x < \frac{-b+\sqrt{\Delta}}{2a};$$

$$f(x) = 0 \Leftrightarrow x = \frac{-b-\sqrt{\Delta}}{2a} \ ou \ x = \frac{-b+\sqrt{\Delta}}{2a}.$$

Segundo Caso: $\boldsymbol{a < 0}$ $\boldsymbol{e}$ $\boldsymbol{\Delta > 0}$

A demonstração deste caso é análoga ao caso anterior. A demonstração do teorema a seguir será deixada a cargo do leitor.

Teorema 14: Seja $f: \mathbb{R} \to \mathbb{R}$ uma função de fórmula $f(x) = ax^2 + bx + c$. Se $a < 0$ e $\Delta > 0$, então:

$$f(x) < 0 \Leftrightarrow x < \frac{-b-\sqrt{\Delta}}{2a} \; ou \; x > \frac{-b+\sqrt{\Delta}}{2a};$$

$$f(x) > 0 \Leftrightarrow \frac{-b-\sqrt{\Delta}}{2a} < x < \frac{-b+\sqrt{\Delta}}{2a};$$

$$f(x) = 0 \Leftrightarrow x = \frac{-b-\sqrt{\Delta}}{2a} \; ou \; x = \frac{-b+\sqrt{\Delta}}{2a}.$$

Terceiro Caso: $\boldsymbol{a > 0}$ ***e*** $\boldsymbol{\Delta = 0}$

Tomemos uma função quadrática, novamente com sua fórmula na forma canônica: $f(x) = a\left(x + \frac{b}{2a}\right)^2 - \frac{\Delta}{4a}$. Se $\Delta = 0$, a fórmula da função se reduz a: $f(x) = a\left(x + \frac{b}{2a}\right)^2$. Pelo resultado auxiliar 3 da seção 2.6, observamos que:

$$\left(x + \frac{b}{2a}\right)^2 \geq 0, \forall x \in \mathbb{R} \Rightarrow a\left(x + \frac{b}{2a}\right)^2 \geq a.0 \Rightarrow f(x) \geq 0, \forall x \in \mathbb{R}.$$

Além disso, temos que: $f(x) = 0 \Leftrightarrow a\left(x + \frac{b}{2a}\right)^2 = 0 \Leftrightarrow \left(x + \frac{b}{2a}\right)^2 = 0 \Leftrightarrow x + \frac{b}{2a} = 0 \Leftrightarrow x = -\frac{b}{2a}$.

Então, podemos enunciar:

Teorema 15: Seja $f: \mathbb{R} \to \mathbb{R}$ uma função de fórmula $f(x) = ax^2 + bx + c$. Se $a > 0 \; e \; \Delta = 0$, então:

$f(x) = 0 \Leftrightarrow x = -\frac{b}{2a}$;

$f(x) > 0 \Leftrightarrow x \neq -\frac{b}{2a}$.

Quarto Caso: $\boldsymbol{a < 0 \; e \; \Delta = 0}$

Podemos fazer análise semelhante à do caso anterior e enunciar:

Teorema 16: Seja $f: \mathbb{R} \to \mathbb{R}$ uma função de fórmula $f(x) = ax^2 + bx + c$. Se $a < 0 \; e \; \Delta = 0$, então:

$f(x) = 0 \Leftrightarrow x = -\frac{b}{2a}$;

$f(x) < 0 \Leftrightarrow x \neq -\frac{b}{2a}$.

Quinto Caso: $\boldsymbol{a > 0 \; e \; \Delta < 0}$

Se $a > 0 \; e \; \Delta < 0$, então $\frac{\Delta}{4a} < 0 \Rightarrow -\frac{\Delta}{4a} > 0$ (I). Além disso, temos que $\left(x + \frac{b}{2a}\right)^2 \geq 0, \forall x \in \mathbb{R} \Rightarrow a\left(x + \frac{b}{2a}\right)^2 \geq 0$, pois a é positivo (II). De (I) e (II), tiramos que: $a\left(x+\frac{b}{2a}\right)^2-\frac{\Delta}{4a}>0+0, \forall x \in \mathbb{R} \Rightarrow f(x)>0, \forall x \in \mathbb{R}$.

Para isto, utilizamos o seguinte resultado auxiliar:

Resultado Auxiliar 4 : Se $a, b, c\ e\ d \in \mathbb{R}$, $a>b\ e\ c \geq d$, então $a+c>b+d$.

Demonstração: $a>b \Rightarrow a+c>b+c$

$$c \geq d \Rightarrow b+c \geq b+d$$

Se $b+c=b+d$, substituímos na primeira desigualdade e achamos: $a+c>b+c=b+d$.

Se $b+c>b+d$ então, pela propriedade transitiva da desigualdade: $a+c>b+d$.

Enunciamos, então, o teorema 17:

Teorema 17: Seja $f: \mathbb{R} \rightarrow \mathbb{R}$ uma função de fórmula $f(x)=ax^2+bx+c$. Se $a>0\ e\ \Delta<0$, então:

$f(x)>0, \forall x \in \mathbb{R}$.

***Sexto Caso:* $a<0\ e\ \Delta<0$**

Para este caso, temos o teorema 18.

> ***Teorema 18***: Seja $f: \mathbb{R} \rightarrow \mathbb{R}$ uma função de fórmula $f(x) = ax^2 + bx + c$. Se $a < 0$ e $\Delta < 0$, então:
>
> $f(x) < 0, \forall x \in \mathbb{R}$.

A seguir, colocamos os esquemas para os sinais da função quadrática que geralmente são encontrados nos livros didáticos. Nos intervalos em que a curva se apresenta acima do eixo x, a função é positiva. Se a curva se encontra abaixo do eixo x, a função é negativa neste intervalo. As raízes ou zeros são os pontos onde a curva intercepta o eixo das abscissas.

Situação 1 : $\Delta > 0$

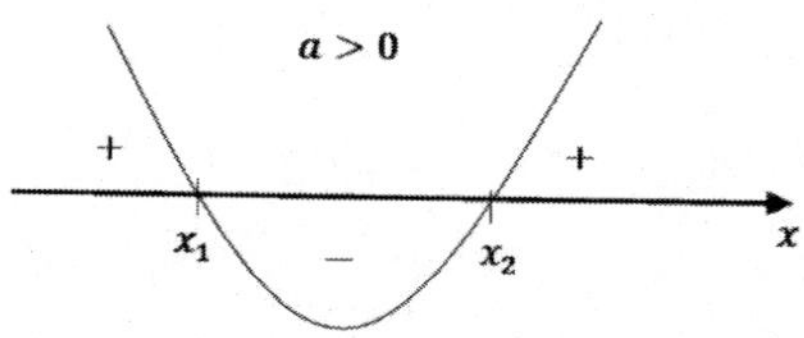

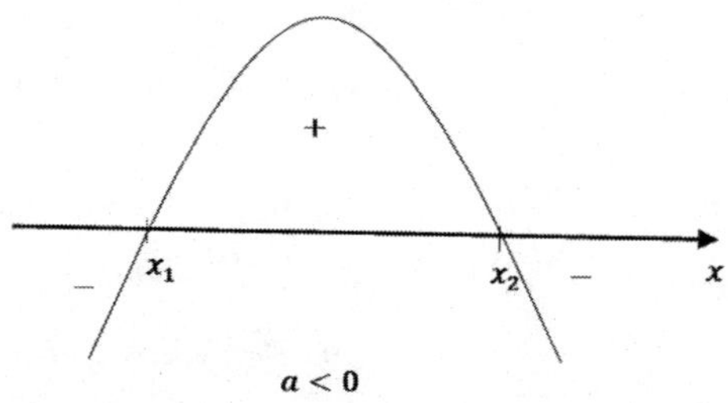

Aqui, temos que $x_1 = \frac{-b-\sqrt{\Delta}}{2a}$ e $x_2 = \frac{-b+\sqrt{\Delta}}{2a}$.

Situação 2 : $\Delta = 0$

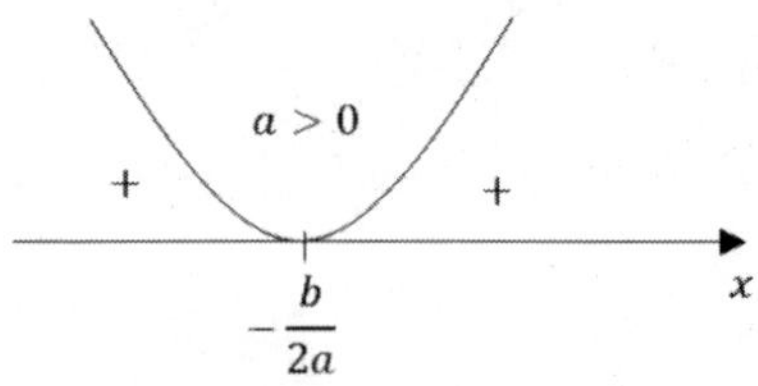

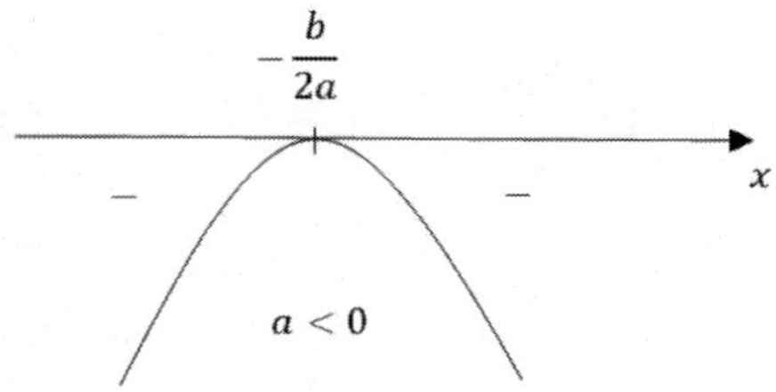

Situação 3 : Δ< 0

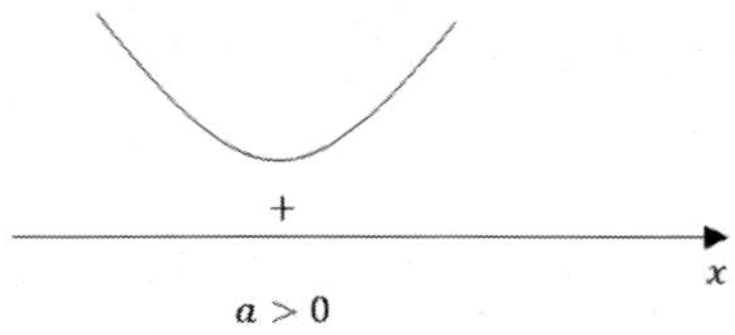

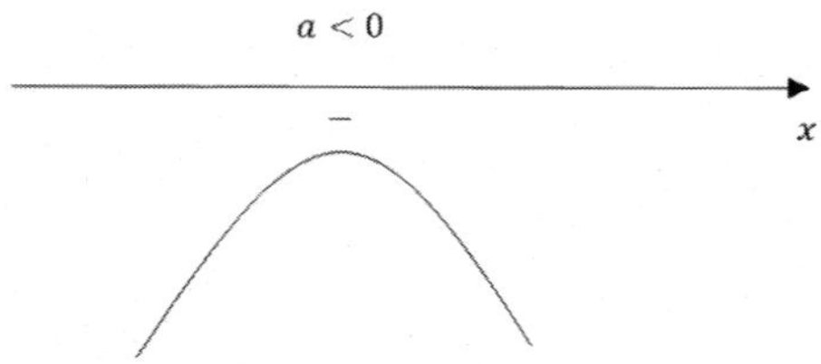

Atividades para a Sala

10)Realize o estudo de sinais de todas as funções do exercício 1.

11)A função $f(x) = x^2 + mx + (m - 1)$ é positiva para todos os valores de x. Quais são os possíveis valores de m para que isso ocorra?

12)(Mackenzie – SP) Se $2x^2 - ax + 2a > 0$, qualquer que seja $x \in \mathbb{R}$, qual é o maior valor inteiro que a pode assumir?

2.10. Problemas de Otimização

A função quadrática possui uma característica marcante: conforme o valor do coeficiente a, ela possui um valor máximo ou um valor mínimo ABSOLUTO, ou seja, existe um determinado valor x do domínio da função para o qual ela assume o maior (ou o menor) valor possível.

Desse modo, situações ou problemas que possam ser modelados por uma função quadrática, permitem que se obtenha um VALOR ÓTIMO, isto é, um valor da variável independente que maximize (ou minimize) a função de interesse. Este valor, logicamente, será dado pela abscissa do vértice, que sabemos ser o valor da variável independente para o qual a função atinge seu valor extremo.

Vamos, a seguir, analisar alguns problemas em que buscamos um valor ótimo. Esses problemas são chamados de problemas de otimização.

Exemplo 1: Uma pizzaria vende pizzas a um valor único de R$35,00 por unidade. Possui, em média, 400 clientes por dia. Uma pesquisa de mercado feita pelo setor financeiro da empresa mostrou que, a cada R$1,00 diminuído no valor da pizza, 30 clientes a mais são conseguidos no dia. Desse modo, qual deve ser o valor de venda da pizza para que a receita diária do estabelecimento seja máxima? E qual será esta máxima receita possível?

Comentário: A receita inicial do estabelecimento é $R = 35 \times 400 = 14.000\,reais$. Observe que, diminuindo-se o preço da pizza, temos clientes a mais. Isso pode, inicialmente, aumentar a receita diária. Por exemplo, se diminuirmos R$2,00 no valor (vendermos cada pizza por R$33,00), teremos 460 clientes (60 a mais). A receita, então, seria: $R = 33 \times 460 = 15.180\,reais$, um aumento considerável. Porém, não adianta diminuir demais o preço. Vai chegar a um ponto em que o número alto de clientes não compensará a baixa do preço, e a receita pode diminuir. Vejamos o que acontece, por exemplo, se vendermos cada pizza a R$10,00 (diminuição de 25 reais no preço, logo: $25 \times 30 = 750$ clientes a mais). A receita diária, neste caso, seria: $R = 10 \times (400 + 750) = 11.500\,reais$. Portanto, o que queremos aqui é achar o PREÇO ÓTIMO ou PREÇO IDEAL, que fará com que a receita diária do estabelecimento seja a maior possível.

Resolução: Chamemos de x o valor (em reais) diminuído no preço da pizza. O que procuramos é uma FÓRMULA, que nos dê a receita diária R do estabelecimento em FUNÇÃO de x.

Mas, se diminuirmos x no valor da pizza, cada unidade dela será vendida por $(35 - x)$ reais. Nesse caso, o número de clientes diários do estabelecimento subirá para $(400 + 30x)$, pois cada real diminuído aumenta 30 clientes.

Logo, a receita da pizzaria (preço vezes número de vendas) será dada por:

$$R(x) = (35 - x).(400 + 30x)$$

$$R(x) = 14000 + 1050x - 400x - 30x^2$$

$$R(x) = -30x^2 + 650x + 14000, com\ 0 \leq x \leq 35$$

Esta é uma função quadrática que tem como domínio $D = \{x \in \mathbb{R}/0 \leq x \leq 35\}$. Realmente, x pode assumir valores de 0 a 35 reais (podemos diminuir o valor da pizza até 35). É interessante verificar também que os valores obtidos nos comentários encaixam-se perfeitamente nesta função:

Se a pizza custar 35 reais ($x = 0$), temos: $R(0) = 14000.$

Se a pizza custar 33 reais ($x = 2$), temos: $R(2) = 15180.$

Se a pizza custar 10 reais ($x = 25$), temos: $R(25) = 11500.$

Esta função quadrática que modela o problema tem como gráfico uma parábola côncava para baixo. Logicamente, assume valor máximo. Assim, se construirmos um gráfico de receita por valor de x, temos que esta receita deve subir até um valor máximo, diminuindo depois, como previmos nos comentários. O gráfico seria assim:

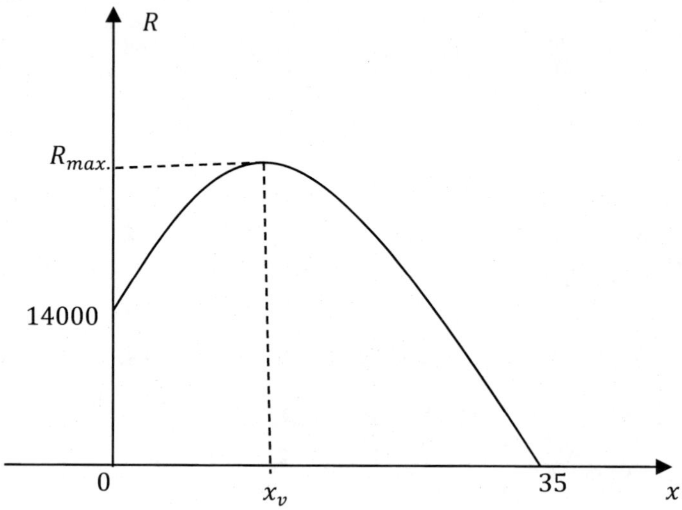

Como já observado, a receita máxima ocorrerá em x_v : $x_v = -\frac{b}{2a} = -\frac{650}{2.(-30)} = 10{,}83.$

Portanto, a receita máxima será obtida ao diminuir-se R$10,83 no preço da pizza. Então, para obter a receita máxima, o preço ideal será: $35{,}00 - 10{,}83 = 24{,}17.$

A receita máxima será: $R(10{,}83) = -30.(10{,}83)^2 + 650 \times (10{,}83) + 14000 = 17520{,}83.$

Resposta: A receita máxima diária da pizzaria será atingida quando a unidade for vendida a R$24,17. Esta receita máxima será de R$17.520,83.

Observação: Alguns estudantes podem resolver o problema de outro modo. Na obtenção da função que dá a receita, podem chamar de x o preço de venda da pizza (veja que $0 \leq x \leq 35$). Assim, a diminuição no valor dela passa a ser $(35 - x)$. E o número de clientes a mais é $30.(35 - x)$. Assim, a função que dá a receita diária da pizzaria em função do preço da pizza é:

$$R(x) = x.[400 + 30.(35 - x)]$$

$$R(x) = x.[400 + 1050 - 30x]$$

$$R(x) = -30x^2 + 1450x, com\ 0 \leq x \leq 35$$

Nesse caso, o x_v já nos dará o valor ideal da pizza e não o quanto devemos diminuir para chegar ao valor ideal, como na resolução anterior: $x_v = -\frac{b}{2a} = -\frac{1450}{2.(-30)} = 24{,}17$ reais.

E a receita máxima seria: $R(24{,}17) = -30.(24{,}17)^2 + 1450 \times (24{,}17) = 17520{,}83$.

Exemplo 2: Dentre todos os retângulos de perímetro w, mostre que o quadrado é aquele que possui a maior área.

Resolução: Chamando um dos lados do referido retângulo de x, temos que os outros lados terão como medida $x, \frac{w-2x}{2}$ e $\frac{w-2x}{2}$. Logicamente, x pode variar de 0 a $\frac{w}{2}$:

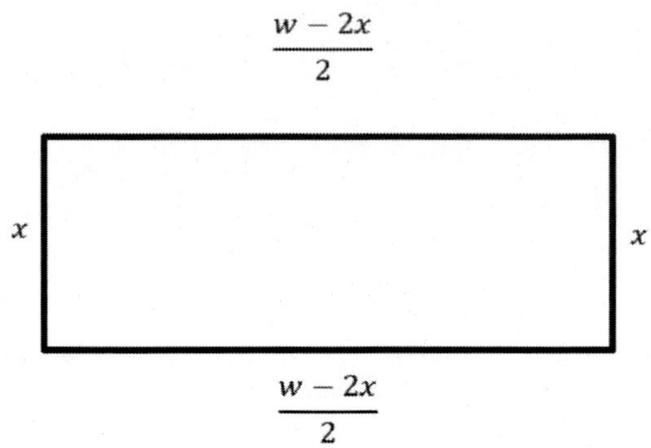

Desse modo, vemos que a função que dá a área do retângulo em função de seu lado x é:

$$A(x) = x.\left(\frac{w-2x}{2}\right) \Rightarrow A(x) = \frac{wx-2x^2}{2} \Rightarrow$$

$$A(x) = -x^2 + \frac{w}{2}.x, com\ 0 \leq x \leq \frac{w}{2}$$

E esta função é quadrática com gráfico côncavo para baixo. Logo, assume valor máximo. A área máxima é assumida em:

$$x_v = -\frac{b}{2a} = -\frac{{}^{w}/_{2}}{2.(-1)} = \frac{w}{4}$$

Vemos, então, que a área será máxima quando o lado do retângulo for um quarto do perímetro, ou seja, quando tivermos um quadrado, conforme queríamos mostrar.

Atividades para a Sala

13) Uma peça de teatro começou suas apresentações com ingresso a R$50,00; e um público médio diário de 320 espectadores. A produção fez pesquisa de mercado e notou que, a cada R$1,00 diminuído no preço, o público diário aumenta em 40 pessoas. Quanto se deve cobrar pelo ingresso para a rentabilidade diária máxima?

14) Determine o valor mínimo assumido pela função de duas variáveis $z = x^2 + y^2$, sabendo que x e y se relacionam pela equação $3x - y = 2$.

15) (Fuvest – SP) O valor, em reais, de uma pedra semipreciosa é sempre numericamente igual ao quadrado de sua massa, em gramas. Infelizmente, uma dessas pedras, de 8 gramas, caiu e se partiu em dois pedaços. O prejuízo foi o maior possível. Em relação ao valor original, o prejuízo foi de:

a) 92%

b) 80%

c) 50%

d) 20%

e) 18%

Apêndice

Conjuntos Numéricos

Para melhor estudo de suas características e propriedades, a matemática agrupa os números em vários conjuntos numéricos. São eles:

A) ***Conjunto dos Números Naturais***: Composto por aqueles números que se utiliza para CONTAR ou ENUMERAR objetos.

$$\mathbb{N} = \{0,1,2,3,4,5,6,7,8,9,10,11,\dots\}$$

B) ***Conjunto dos Números Inteiros***: Consiste em adicionar os inteiros negativos ao conjunto anterior. Esses números negativos são utilizados, entre outras funções, para expressar situações de débito ou dívida.

$$\mathbb{Z} = \{\dots,-5,-4,-3,-2,-1,0,1,2,3,4,5,\dots\}$$

Vemos, claramente, que: $\mathbb{N} \subset \mathbb{Z}$ ($\mathbb{N}$ está contido em $\mathbb{Z}$).

C) ***Conjunto dos Números Racionais***: Quando se dispõe a MEDIR algo, veremos que só os números inteiros não serão mais suficientes para esta tarefa. Os números racionais pretendem atender a esta função. Este conjunto é formado por todos os números da forma $\frac{a}{b}$, onde $a \; e \; b$ são inteiros e b é não nulo. Em síntese, é o conjunto de todas as FRAÇÕES. Podemos denotá-lo assim:

$$\mathbb{Q} = \left\{\frac{a}{b} \; / \; a \in \mathbb{Z}, b \in \mathbb{Z} \; e \; b \neq 0\right\}$$

Quando pensamos em representar uma fração (um elemento de $\mathbb{Q}$) em sua forma DECIMAL, podemos nos deparar com uma das três situações seguintes:

- A fração é um número inteiro (fração aparente). Exemplos: $\frac{12}{4} = 3, -\frac{25}{5} = -5, \frac{56}{7} = 8, \frac{0}{15} = 0$. Isto nos remete a um fato já conhecido, que $\mathbb{Z} \subset \mathbb{Q}$.
- A fração é um decimal exato (sua representação decimal possui um número finito de casas "depois da vírgula"). Exemplos: $\frac{1}{4} = 0{,}25; -\frac{23}{16} = -1{,}4375; \frac{147}{20} = 7{,}35.$
- A fração é uma dízima periódica. A dízima periódica possui uma quantidade infinita de casas "depois da vírgula" (casas decimais). Mas a sua principal característica é que ela possui um grupo de algarismos que se repete indefinidamente a

partir de certa casa decimal. Esse grupo de algarismos constitui o PERÍODO da dízima. Exemplos:

$\frac{1}{3} = 0{,}333333 \ldots;\ -\frac{40}{11} = -3{,}6363636363 \ldots;\ \frac{6}{35} = 0{,}171428571428571428571428\,57 \ldots.$ Podemos escrever a dízima colocando uma "barra" sobre o período, mostrando que aquela é a parte que se repete infinitamente. Assim: $\frac{1}{3} = 0,\overline{3};\ -\frac{40}{11} = -3,\overline{63};\ \frac{6}{35} = 0{,}1\overline{714285}7.$

Observe, então, que os inteiros, os decimais exatos e as dízimas periódicas são todos elementos de $\mathbb{Q}$.

Números Irracionais: Não discutiremos neste texto a construção deste tipo de número, que vem da noção de incomensurabilidade. Diremos apenas que eles têm como característica sua representação decimal INFINITA e NÃO PERIÓDICA. São números que não podem ser representados na forma $\frac{a}{b}$, com $a\ e\ b$ inteiros. Podem ser:

- ***Irracionais Algébricos***: São raiz de alguma equação polinomial com coeficientes inteiros. Como exemplo, podemos citar as raízes que não possuem valor inteiro. Exemplos: $\sqrt{2} = 1{,}414213562373095\ldots; \sqrt{3}, \sqrt{5}, \sqrt[3]{2}$

$(\acute{e}\ solução\ da\ equação\ x^3 - 2 = 0), \sqrt[6]{9} = 1{,}442249570307408\ldots$. O número de ouro ($\varphi$), obtido na divisão de um segmento de reta em média e extrema razão também é um irracional algébrico, pois é solução da equação $x^2 - x - 1 = 0$. Seu valor é: $\varphi = \frac{1+\sqrt{5}}{2} = 1{,}6180339887498948\ldots$.

- ***Irracionais Transcendentes***. Exemplos: $\pi = 3{,}141592653589793238\ldots(pi); e = 2{,}71828182845904523536028747\ldots$

$(número\ de\ Euler);\ 0{,}12345678910111213\ldots; ln2;\ 2^{\sqrt{2}}.$

É interessante observar que o conjunto dos racionais e o dos irracionais são disjuntos, ou seja:

$$\mathbb{Q} \cap \{irracionais\} = \emptyset$$

D) ***Conjunto dos Números Reais***: Consiste na união dos números racionais com os irracionais.

$$\mathbb{R} = \mathbb{Q} \cup \{Irracionais\}$$

Em diagrama, podemos representar os conjuntos numéricos como mostrado a seguir:

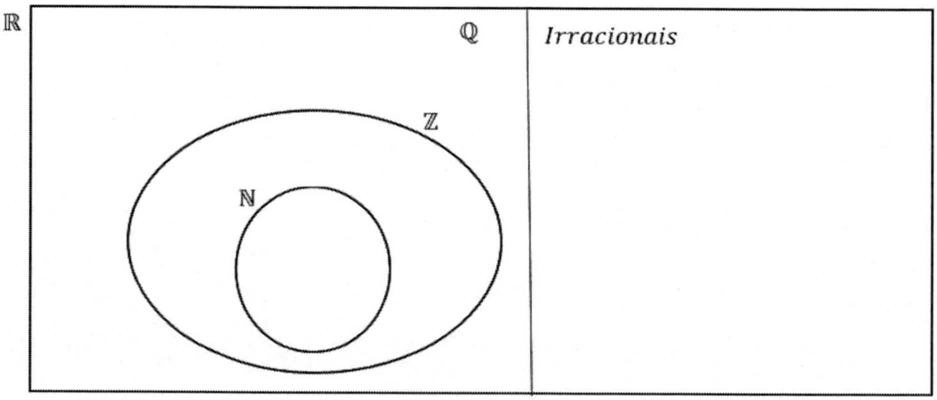

Corpo

Consideremos um conjunto $\mathbb{K}$ de objetos. Neste conjunto, definamos duas operações:

- a operação de ADIÇÃO, que toma dois objetos quaisquer x e y de $\mathbb{K}$ e associa ao objeto de $\mathbb{K}$ denotado por $x + y$;
- a operação de MULTIPLICAÇÃO, que toma dois objetos quaisquer x e y de $\mathbb{K}$ e associa ao objeto de $\mathbb{K}$ denotado por $x.y$;

Dizemos que o conjunto $\mathbb{K}$ (com estas duas operações definidas nele) é um CORPO se as 9 propriedades a seguir são satisfeitas:

P1) Comutatividade da Adição: Dados $x, y \in \mathbb{K}$ quaisquer, temos que $x + y = y + x$;

P2) Associatividade da Adição: Dados $x, y, z \in \mathbb{K}$ quaisquer, temos que $(x + y) + z = x + (y + z)$;

P3) Existência de Elemento Neutro da Adição: Existe um elemento em $\mathbb{K}$, denotado pelo símbolo 0 tal que, para todo $x \in \mathbb{K}$, temos : $x + 0 = x$;

P4) Existência de Inverso Aditivo, Oposto ou Simétrico: Para cada $x \in \mathbb{K}$, existe um outro elemento de $\mathbb{K}$, denotado por $(-x)$ tal que : $x + (-x) = 0$; (OBS: É possível mostrar que este elemento é único para cada $x \in \mathbb{K}$, daí a possibilidade de notá-lo por um símbolo específico. Mas não demonstraremos esta unicidade. Vamos, então, admitir que o simétrico de cada elemento de $\mathbb{K}$ é único).

P5) Comutatividade da Multiplicação: Dados $x, y \in \mathbb{K}$ quaisquer, temos que $x.y = y.x$;

P6) Associatividade da Multiplicação: Dados $x, y, z \in \mathbb{K}$ quaisquer, temos que $(x.y).z = x.(y.z)$;

P7) Existência de Elemento Neutro da Multiplicação: Existe um elemento em $\mathbb{K}$, denotado pelo símbolo 1 tal que, para todo $x \in \mathbb{K}$, temos : $x.1 = x$;

P8) Existência de Inverso Multiplicativo: Para cada $x \in \mathbb{K}$, com $x \neq 0$, existe um outro elemento de $\mathbb{K}$, denotado por

x^{-1} ou $\frac{1}{x}$ tal que : $x.x^{-1} = 1$; (OBS : É possível mostrar que este elemento é único para cada $x \in \mathbb{K}^*$, daí a possibilidade de notá-lo por um símbolo específico. Mas não demonstraremos esta unicidade. Vamos, então, admitir que o inverso multiplicativo de cada elemento não nulo de $\mathbb{K}$ é único).

É possível mostrar também que os elementos neutros, tanto da adição como da multiplicação, são únicos em um corpo. Vamos, então, admitir esta unicidade.

P9) Distributividade: Dados $x, y, z \in \mathbb{K}$ quaisquer, temos que $x.(y + z) = x.y + x.z$

Dos conjuntos numéricos estudados, temos que são corpos $\mathbb{Q}$ e $\mathbb{R}$ (com as operações usuais de adição e multiplicação definidas nesses conjuntos). $\mathbb{N}$ não é corpo, pois não satisfaz P4 nem P8. $\mathbb{Z}$ também não é corpo, pois não satisfaz P8. Um exemplo de corpo finito são os do tipo $\mathbb{Z}_p$, com p primo, estudados em cursos de álgebra avançada.

A seguir, demonstraremos algumas propriedades importantes de corpos. Elas são deduzidas a partir dos axiomas acima.

A) $0.x = 0, \forall x \in \mathbb{K}$ (Em qualquer corpo, ao multiplicar-se o neutro aditivo por qualquer elemento, o resultado é sempre o neutro aditivo).

Demonstração:

$$0.x = (0+0).x = 0.x + 0.x \overset{P4}{\Rightarrow} 0.x + (-0.x)$$
$$= (0.x + 0.x) + (-0.x) \overset{P2\ e\ P4}{\Longrightarrow}$$
$$0 = 0.x + [0.x + (-0.x)] \overset{P4}{\Rightarrow}$$
$$0 = 0.x + 0 \overset{P3}{\Rightarrow} 0 = 0.x \ ou \ 0.x = 0$$

Veja que a primeira igualdade é válida por P3. A segunda é válida por P5 e P9.

B) $-(-x) = x, \forall x \in \mathbb{K}$

Demonstração: Dado $x \in \mathbb{K}$ qualquer, sabemos que existe $(-x) \in \mathbb{K}$, único, tal que $x + (-x) = 0$. Mas, por P1, podemos escrever que $(-x) + x = 0$. Isso mostra que o inverso aditivo ou simétrico de $(-x)$ é o próprio x, ou seja: $-(-x) = x$.

C) $(-1).x = -x, \forall x \in \mathbb{K}$ (Ao multiplicar-se o simétrico da unidade por qualquer elemento de um corpo, o resultado é sempre o simétrico do elemento).

Demonstração: Queremos mostrar que o simétrico ou inverso aditivo de x, que é único, é $(-1).x$. Isso equivale a mostrar que $x + (-1).x = 0$. Mas:

$$x + (-1).x = x.1 + x.(-1) = x.[1 + (-1)] = x.0 = 0$$

Isso mostra que $(-1).x$ é inverso aditivo de x. Como sabemos que ele é único para cada $x \in \mathbb{K}$ (assumimos isso, apesar de não demonstrar), temos que $(-1).x = -x$, como queríamos demonstrar.

Veja que, na primeira igualdade, utilizamos P5 e P7. Na segunda igualdade, P9. Na terceira, P4. Na última, o resultado demonstrado em A.

D) Regra de Sinais: $\forall x, y \in \mathbb{K},\ (-x).y = x.(-y) = -(x.y)\ e\ (-x).(-y) = x.y$

Demonstração:

D.1) $(-x).y = -(x.y)$. Equivale a mostrar que $x.y + (-x).y = 0$, ou seja, que $(-x).y$ é o inverso aditivo de $x.y$. Mas:

$$
\begin{aligned}
x.y + (-x).y &= x.y + [(-1).x].y = x.y + [x.(-1)].y \\
&= x.y + x.[(-1).y] = x.y + x.(-y) \\
&= x.[y + (-y)] = x.0 = 0
\end{aligned}
$$

Como queríamos demonstrar.

D.2) $x.(-y) = -(x.y)$. Basta mostrar que: $x.y + x.(-y) = x.[y + (-y)] = x.0 = 0$. Isso mostra que $x.(-y)$ é o inverso aditivo de $x.y$, ou seja : $x.(-y) = -(x.y)$. De D1 e D2, podemos concluir que $(-x).y = x.(-y)$, completando a dupla igualdade citada.

D.3) $(-x).(-y) = -[x.(-y)] = -[-(x.y)] = x.y$

Cabe ao leitor indicar qual axioma ou resultado anterior foi utilizado em cada passagem.

E) $x.y = 0 \Rightarrow x = 0 \text{ } ou \text{ } y = 0$

Demonstração: Se $x = 0$, o teorema está verificado. Se $x \neq 0$, então existe $x^{-1} \in \mathbb{K}$ tal que $x.x^{-1} = 1$. Assim: $x.y = 0 \Rightarrow (x.y).x^{-1} = 0.x^{-1} \Rightarrow x.(y.x^{-1}) = 0 \Rightarrow x.(x^{-1}.y) = 0 \Rightarrow (x.x^{-1}).y = 0 \Rightarrow 1.y = 0 \Rightarrow y = 0$.

F) $(x^{-1})^{-1} = x, se \text{ } x \neq 0$

Demonstração: Dado $x \in \mathbb{K}^*$ qualquer, sabemos que existe $x^{-1} \in \mathbb{K}$, único, tal que $x.x^{-1} = 1$. Mas, por P5, podemos escrever que $x^{-1}.x = 1$. Isso mostra que o inverso multiplicativo de x^{-1} é o próprio x, ou seja: $(x^{-1})^{-1} = x$.

Em um corpo, podemos também definir as operações de subtração e divisão, da seguinte forma:

- SUBTRAÇÃO: Dados $x, y \in \mathbb{K} : x - y = x + (-y)$;

- DIVISÃO: Dados $x, y \in \mathbb{K}$, com $y \neq 0$: $\frac{x}{y} = x.\frac{1}{y}$ $ou\ x.y^{-1}$. Também podemos utilizar a notação $x : y$ ao invés de $\frac{x}{y}$.

Definidas estas operações em um corpo, podemos provar mais algumas propriedades:

G) $(x.y)^{-1} = x^{-1}.y^{-1}, com\ x, y \neq 0$

Demonstração: Devemos mostrar que $x^{-1}.y^{-1}$ é o inverso multiplicativo de $x.y$, ou seja, $(x.y).(x^{-1}.y^{-1}) = 1$. Como o inverso multiplicativo é único, fica provado que $(x.y)^{-1} = x^{-1}.y^{-1}$. Mas:

$$\begin{aligned}(x.y).(x^{-1}.y^{-1}) &= x.[y.(x^{-1}.y^{-1})] = x.[(y.x^{-1}).y^{-1}] \\ &= x.[(x^{-1}.y).y^{-1}] = x.[x^{-1}.(y.y^{-1})] \\ &= x.(x^{-1}.1) = x.x^{-1} = 1\end{aligned}$$

Como queríamos demonstrar.

H) Dados $x, y, z, t \in \mathbb{K}$, com $y, t \neq 0$, temos que $\frac{x}{y} + \frac{z}{t} = \frac{xt+zy}{yt}$ (Soma de Frações).

Demonstração:

$\frac{x}{y} + \frac{z}{t} = x.y^{-1} + z.t^{-1} =$

$(x.y^{-1}).(t.t^{-1}) + (z.t^{-1}).(y.y^{-1}) = x.[y^{-1}.(t.t^{-1})] + z.[t^{-1}.(y.y^{-1})] = x.[(y^{-1}.t).t^{-1}] + z.[(t^{-1}.y).y^{-1}] =$

$x.[(t.y^{-1}).t^{-1}] + z.[(y.t^{-1}).y^{-1}] = x.[(t.y^{-1}).t^{-1}] +$
$z.[(y.t^{-1}).y^{-1}] = x.[t.(y^{-1}.t^{-1})] + z.[y.(y^{-1}.t^{-1})] =$
$(x.t).(y^{-1}.t^{-1}) + (z.y).(y^{-1}.t^{-1}) =$
$(x.t + z.y).(y^{-1}.t^{-1}) = (x.t + z.y).[(y.t)^{-1}] = \frac{x.t+z.y}{y.t}$

I) Dados $x, y, z, t \in \mathbb{K}$, com $y, t \neq 0$, temos que $\frac{x}{y}.\frac{z}{t} = \frac{x.z}{y.t}$ (Multiplicação de Frações).

Demonstração:

$\frac{x}{y}.\frac{z}{t} = (x.y^{-1}).(z.t^{-1}) = x.[y^{-1}.(z.t^{-1})] =$
$x.[(y^{-1}.z).t^{-1}] = x.[(z.y^{-1}).t^{-1}] = x.[z.(y^{-1}.t^{-1})] =$
$(x.z).(y^{-1}.t^{-1}) = (x.z).[(y.t)^{-1}] = \frac{x.z}{y.t}$

J) Dados $x, y \in \mathbb{K}$, com $x, y \neq 0$, temos que $\left(\frac{x}{y}\right)^{-1} = \frac{y}{x}$.

Demonstração: $\left(\frac{x}{y}\right)^{-1} = (x.y^{-1})^{-1} = x^{-1}.(y^{-1})^{-1} =$
$x^{-1}.y = y.x^{-1} = \frac{y}{x}$

K) Dados $x, y, z, t \in \mathbb{K}$, com $y, z, t \neq 0$, temos que $\frac{x}{y}:\frac{z}{t} = \frac{x}{y}.\frac{t}{z} = \frac{x.t}{y.z}$ (Divisão de Frações).

Demonstração: $\frac{x}{y}:\frac{z}{t} = \frac{x}{y}.\left(\frac{z}{t}\right)^{-1} = \frac{x}{y}.\frac{t}{z} = \frac{x.t}{y.z}$. Vale ressaltar que a primeira igualdade é verificada pela própria definição da operação de divisão. A segunda igualdade é válida pelo resultado provado em J. A terceira, pelo resultado em I.

As propriedades expressas nos axiomas P1 a P9, bem como as propriedades demonstradas de A a K, são todas válidas nos conjuntos $\mathbb{Q}$ e $\mathbb{R}$, pois eles são corpos. Outras operações podem ser definidas nestes conjuntos, resultando em mais propriedades. As listadas acima são as mais importantes para a demonstração das propriedades das funções afins e quadráticas nos capítulos 1 e 2.

$\mathbb{Q}$ e $\mathbb{R}$ também são, ambos, corpos ordenados. A definição axiomática desta estrutura algébrica e a dedução de algumas de suas propriedades estão no próximo item.

Corpo Ordenado

Um corpo $\mathbb{K}$ é chamado de CORPO ORDENADO se possui um subconjunto $\mathbb{K}' \subset \mathbb{K}$ que satisfaz as duas propriedades a seguir:

P10) Fechamento: Dados $x, y \in \mathbb{K}'$, temos que $x + y \in \mathbb{K}'$ e que $x.y \in \mathbb{K}'$.

P11) Tricotomia: Dado $x \in \mathbb{K}$, então uma, e somente uma das três alternativas a seguir é verdadeira: $x \in \mathbb{K}'$, $(-x) \in \mathbb{K}'$ ou $x = 0$.

Os conjuntos $\mathbb{Q}$ e $\mathbb{R}$, com as operações usuais de adição e multiplicação definidas neles, são corpos ordenados. No caso deles, o tal subconjunto $\mathbb{K}'$ pode ser tomado como sendo $\mathbb{Q}_+^*$ (conjunto dos racionais positivos), no caso de $\mathbb{Q}$ e como sendo $\mathbb{R}_+^*$ (conjunto dos reais positivos), no caso de $\mathbb{R}$.

No caso dos corpos ordenados $\mathbb{Q}$ e $\mathbb{R}$, relação de ordem entre seus elementos pode ser definida pelos símbolos “< e >”, da seguinte forma:

- Dados $x, y \in \mathbb{Q}$ (ou $\mathbb{R}$), dizemos que “x é menor que y”, e notamos por $x < y$, quando $(y - x) \in \mathbb{Q}_+^*\ (ou\ \mathbb{R}_+^*)$. Podemos escrever este fato também da forma $y > x$, e dizer que “y é maior que x”.

Definida a relação de ordem dada pelos símbolos “< e >”, podemos demonstrar algumas propriedades desta relação. Elas são válidas, logicamente, tanto em $\mathbb{Q}$ como em $\mathbb{R}$.

Porém, como o estudo desta obra refere-se a funções reais de variável real, interessa-nos obter resultados para números reais. Portanto, a partir de agora, vamos nos referir apenas ao corpo ordenado $\mathbb{R}$. Pelo que foi dito até agora, podemos afirmar que $\mathbb{R}$ é um CORPO ORDENADO, pois possui um subconjunto, chamado de conjunto dos números reais positivos e denotado por $\mathbb{R}_+^*$, que satisfaz as seguintes propriedades:

P10) Fechamento : Dados $x, y \in \mathbb{R}_+^*$, temos que $x + y \in \mathbb{R}_+^*$ e que $x.y \in \mathbb{R}_+^*$.

P11) Tricotomia : Dado $x \in \mathbb{R}$, então uma, e somente uma das três alternativas a seguir é verdadeira: $x \in \mathbb{R}_+^*$, $(-x) \in \mathbb{R}_+^*$ ou $x = 0$.

É possível, então, estabelecer relação de ordem em $\mathbb{R}$, expressa pelos símbolos “< e >” da definida da seguinte forma:

- Dados $x, y \in \mathbb{R}$, dizemos que “x é menor que y”, e notamos por $x < y$, quando $(y - x) \in \mathbb{R}_+^*$. Podemos escrever este fato também da forma $y > x$, e dizer que “y é maior que x”.

Propriedades da Relação de Ordem

L) Dado $x \in \mathbb{R}$, temos que uma, e somente uma das afirmações a seguir é verdadeira: $x < 0, x = 0 \; ou \; x > 0$.

Demonstração: Dado $x \in \mathbb{R}$, sabemos, por P11, que uma, e somente uma das afirmações a seguir é verdadeira : $x \in \mathbb{R}_+^*$, $(-x) \in \mathbb{R}_+^*$ ou $x = 0$. Mas

$x = x - 0$. Então, temos que: $(x - 0) \in \mathbb{R}_+^*$, $-(x - 0) = (0 - x) \in \mathbb{R}_+^*$ ou $x = 0$. Mas, pela definição da relação de ordem: $(x - 0) \in \mathbb{R}_+^* \Rightarrow 0 < x \; ou \; x > 0$, $(0 - x) \in \mathbb{R}_+^* \Rightarrow x < 0$, o que conclui a demonstração.

M) Dados $x, y \in \mathbb{R}$, temos que uma, e somente uma das afirmações a seguir é verdadeira: $x < y, y < x \; ou \; y = x$.

Demonstração: Dados $x, y \in \mathbb{R}$, temos, por P11, que uma, e somente uma das afirmações é válida: $(y - x) \in \mathbb{R}_+^*$, $-(y - x) = (x - y) \in \mathbb{R}_+^*$ ou $y - x = 0$. Pela definição da relação de ordem em $\mathbb{R}$ dada pelos símbolos "< e >", temos que: $x < y, y < x \; ou \; y = x$, como queríamos demonstrar.

N) Se $x < y \; e \; y < z$, então $x < z$ (Propriedade Transitiva)

Demonstração: Se $x < y \; e \; y < z$, então, pela definição, $(y - x) \in \mathbb{R}_+^* \; e \; (z - y) \in \mathbb{R}_+^*$. Como $\mathbb{R}$ é corpo ordenado, temos, por P10, que $(y - x) + (z - y) \in \mathbb{R}_+^* \Rightarrow (z - x) \in \mathbb{R}_+^* \Rightarrow x < z$.

O) Se $x, y, z \in \mathbb{R}$ e $x < y$, então $x + z < y + z$.

Demonstração: $x < y \overset{def}{\Longrightarrow} (y - x) \in \mathbb{R}_+^* \overset{P3}{\Rightarrow} (y - x) + 0 \in \mathbb{R}_+^* \overset{P4}{\Rightarrow} (y - x) + [z + (-z)] \in \mathbb{R}_+^* \Rightarrow (y + z) - (x + z) \in \mathbb{R}_+^* \overset{def}{\Longrightarrow} x + z < y + z.$

P) Se $x < y$ e $z > 0$, então $x.z < y.z$

Demonstração: Pela definição, $x < y \Rightarrow (y - x) \in \mathbb{R}_+^*$. Pelo mesmo motivo, $0 < z \Rightarrow (z - 0) = z \in \mathbb{R}_+^*$. Como $\mathbb{R}$ é corpo ordenado temos, por P10, que: $(y - x).z \in \mathbb{R}_+^* \Rightarrow (y.z - x.z) \in \mathbb{R}_+^* \Rightarrow x.z < y.z$

Q) Se $x < y$ e $z < 0$, então $x.z > y.z$

Demonstração: Pela definição, $x < y \Rightarrow (y - x) \in \mathbb{R}_+^*$. Pelo mesmo motivo, $z < 0 \Rightarrow (0 - z) = -z \in \mathbb{R}_+^*$. Como $\mathbb{R}$ é corpo ordenado temos, por P10, que: $(y - x).(-z) \in \mathbb{R}_+^* \Rightarrow (-y.z + x.z) \in \mathbb{R}_+^* \Rightarrow x.z > y.z$

R) Se $x \in \mathbb{R}\, e\, x \neq 0$, então $x^2 > 0$.

Demonstração: Se $x \in \mathbb{R}\, e\, x \neq 0$, então $x > 0\, ou\, x < 0$ (Por L).

$$i)\ x > 0 \overset{Por\ P}{\Longrightarrow} x.x > 0.x \overset{Por\ A}{\Longrightarrow} x^2 > 0$$

$$ii)\ x < 0 \overset{Por\ Q}{\Longrightarrow} x.x > 0.x \overset{Por\ A}{\Longrightarrow} x^2 > 0$$

S) Se $x > 0$, então $x^{-1} > 0$.

Demonstração: Basta ver que: $x^{-1} = 1.x^{-1} = (x.x^{-1}).x^{-1} = x.(x^{-1})^2$. Pelo demonstrado em R, $(x^{-1})^2 > 0$. Como, por hipótese, $x > 0$, podemos, por P, multiplicar ambos os membros da desigualdade por x sem invertê-la: $x.(x^{-1})^2 > x.0 \Rightarrow x^{-1} > 0$.

OBS: Por raciocínio análogo, podemos ver que $x < 0 \Rightarrow x^{-1} < 0$.

T) Se $x.y > 0$, então $x > 0 \; e \; y > 0$ ou $x < 0 \; e \; y < 0$.

Demonstração: Se $x > 0$, então $x^{-1} > 0$. Logo: $x.y > 0 \Rightarrow x^{-1}.(x.y) > x^{-1}.0 \Longrightarrow (x^{-1}.x).y > 0 \Rightarrow y > 0$. Se $x < 0$, então $x^{-1} < 0$. Logo: $x.y > 0 \Rightarrow x^{-1}.(x.y) < x^{-1}.0 \Rightarrow (x^{-1}.x).y < 0 \Rightarrow y < 0$.

U) Se $x.y < 0$, então $x > 0 \; e \; y < 0$ ou $x < 0 \; e \; y > 0$.

Demonstração: Análoga à anterior. Deixada a cargo do leitor.

OBS: Vale ressaltar que os resultados auxiliares 1,2,3 e 4, demonstrados ao longo do capítulo 2, são também importantes resultados sobre corpos ordenados e, portanto, valem em $\mathbb{R}$.

Podemos também definir o significado dos símbolos "$\leq e \geq$", da seguinte forma:

Dizemos que x é menor do que ou igual a y, e notamos por $x \leq y$, quando pelo menos uma das afirmativas é verdadeira: $x < y \; ou \; x = y$. Podemos também escrever o mesmo fato pelo símbolo $y \geq x$, dizendo que y é maior do que ou igual a x.

O resultado auxiliar 4, do capítulo 2, fez o uso de um dos símbolos acima. Fica como tarefa ao leitor verificar quais dos teoremas de L até U podem ter os símbolos $<, >$ substituídos por $\leq, \geq$. É um bom exercício.

Por fim, resta-nos a seguinte pergunta: se $\mathbb{Q}$ e $\mathbb{R}$ são, ambos, corpos ordenados, o que diferencia estes dois conjuntos? A resposta a esta pergunta é o fato de que $\mathbb{R}$ é um CORPO ORDENADO COMPLETO, característica que $\mathbb{Q}$ não possui. Porém, este conceito está fora do escopo da educação básica. Para os interessados, deve-se fazer uma consulta a livros de topologia e análise matemática, que trabalham este conceito. Mas não o abordaremos aqui. Porém, nada impede que o professor trabalhe informações intuitivas neste contexto dizendo aos estudantes, por exemplo, da correspondência biunívoca (ou bijeção) entre o conjunto dos números reais e os pontos de uma reta.

Respostas dos Exercícios

Capítulo 1: Função Afim

1) a) crescente

   b) $\left(\frac{5}{2},0\right)\ e\ (0,-5)$

   d) Sinais: $f(x)>0 \Leftrightarrow x>\frac{5}{2}$, $f(x)<0 \Leftrightarrow x<\frac{5}{2}$,

   $f(x)=0 \Leftrightarrow x=\frac{5}{2}$

   e) $f^{-1}(x)=\frac{x}{2}+\frac{5}{2}$

2) a) decrescente

   b) $\left(\frac{2}{3},0\right)\ e\ (0,2)$

   d) Sinais: $f(x)>0 \Leftrightarrow x<\frac{2}{3}$, $f(x)<0 \Leftrightarrow x>\frac{2}{3}$,

   $f(x)=0 \Leftrightarrow x=\frac{2}{3}$

   e) $f^{-1}(x)=-\frac{x}{3}+\frac{2}{3}$

3) a) decrescente

   b) $\left(\frac{5}{4},0\right)\ e\ \left(0,\frac{1}{2}\right)$

   d) Sinais: $f(x)>0 \Leftrightarrow x<\frac{5}{4}$, $f(x)<0 \Leftrightarrow x>\frac{5}{4}$,

   $f(x)=0 \Leftrightarrow x=\frac{5}{4}$

   e) $f^{-1}(x)=-\frac{5x}{2}+\frac{5}{4}$

4) a) crescente

b) $\left(\frac{3}{2}, 0\right)$ e $\left(0, -\frac{3}{8}\right)$

d) Sinais: $f(x) > 0 \Leftrightarrow x > \frac{3}{2}$, $f(x) < 0 \Leftrightarrow x < \frac{3}{2}$, $f(x) = 0 \Leftrightarrow x = \frac{3}{2}$

e) $f^{-1}(x) = 4x + \frac{3}{2}$

5) $m > \frac{5}{3}$

6) Negativo, negativo, negativo

7) a) $y = 15x + 35$

b) 80 reais

c) 8 horas

8) a) $y_A = 36x + 175, y_B = 25x + 296$

b) Plano A

c) De 1 a 10 passeios/mês: plano A; 11 passeios/mês : indiferente; 12 ou mais : plano B.

9) a) $y = x + 2$

b) $y = -\frac{4x}{3} - 4$

10)a) $a = \frac{5}{9}; b = -\frac{160}{9}$

b) $95\ °\mathrm{F}$

11)Não. Não se relacionam por função linear.

12)B

13)B

14)B

15)C

Capítulo 2: Função Quadrática

1) a) $F = \left(\frac{5}{6}, -1\right); V = \left(\frac{5}{6}, -\frac{13}{12}\right); y = -\frac{7}{6}$

b) $F = \left(\frac{1}{10}, 0\right); V = \left(\frac{1}{10}, \frac{1}{20}\right); y = \frac{1}{10}$

c) $F = \left(3, \frac{1}{4}\right); V = (3,0); y = -\frac{1}{4}$

d) $F = \left(5, -\frac{1}{4}\right); V = (5,0); y = \frac{1}{4}$

e) $F = \left(-\frac{1}{4}, 1\right); V = \left(-\frac{1}{4}, \frac{7}{8}\right); y = \frac{3}{4}$

f) $F = \left(\frac{15}{16}, \frac{37}{128}\right); V = \left(\frac{15}{16}, -\frac{11}{128}\right); y = -\frac{59}{128}$

2) Gráficos

3) a) côncava para cima

b) côncava para baixo

c) côncava para cima

d) côncava para baixo

e) côncava para cima

f) côncava para cima

4) $m = \frac{2}{5}$ (reta); $m > \frac{2}{5}$ (parábola côncava para baixo); $m < \frac{2}{5}$ (parábola côncava para cima)

5) a) $f(x) = 3\left(x - \frac{5}{6}\right)^2 - \frac{13}{12}$

b) $f(x) = -5\left(x - \frac{1}{10}\right)^2 + \frac{1}{20}$

c) $f(x) = (x-3)^2$

d) $f(x) = -(x-5)^2$

e) $f(x) = 2\left(x + \frac{1}{4}\right)^2 + \frac{7}{8}$

f) $f(x) = \frac{2}{3}\left(x - \frac{15}{16}\right)^2 - \frac{11}{128}$

6) a) crescente se $x > \frac{5}{6}$ e decrescente se $x < \frac{5}{6}$

b) crescente se $x < \frac{1}{10}$ e decrescente se $x > \frac{1}{10}$

c) crescente se $x > 3$ e decrescente se $x < 3$

d) crescente se $x < 5$ e decrescente se $x > 5$

e) crescente se $x > -\frac{1}{4}$ e decrescente se $x < -\frac{1}{4}$

f) crescente se $x > \frac{15}{16}$ e decrescente se $x < \frac{15}{16}$

7) a) valor mínimo: $-\frac{13}{12}$

b) valor máximo: $\frac{1}{20}$

c) valor mínimo: 0

d) valor máximo: 0

e) valor mínimo: $\frac{7}{8}$

f) valor mínimo: $-\frac{11}{128}$

8) a) Interceptos: $\left(\frac{5-\sqrt{13}}{6}, 0\right)$; $\left(\frac{5+\sqrt{13}}{6}, 0\right)$ e $(0,1)$

b) Interceptos: $(0,0)$ e $\left(\frac{1}{5}, 0\right)$

c) Interceptos: $(3,0)$ e $(0,9)$

d) Interceptos: $(5,0)$ e $(0,-25)$

e) Intercepto: $(0,1)$

f) Interceptos: $\left(\frac{15-\sqrt{33}}{16}, 0\right)$; $\left(\frac{15+\sqrt{33}}{16}, 0\right)$ e $\left(0, \frac{1}{2}\right)$

9) a) negativo, positivo, positivo, positivo

b) positivo, positivo, positivo, negativo

10)a) $f(x) > 0 \Leftrightarrow x < \frac{5-\sqrt{13}}{6}$ ou $x > \frac{5+\sqrt{13}}{6}$; $f(x) < 0 \Leftrightarrow \frac{5-\sqrt{13}}{6} < x < \frac{5+\sqrt{13}}{6}$; $f(x) = 0 \Leftrightarrow x = \frac{5\pm\sqrt{13}}{6}$

b) $f(x) > 0 \Leftrightarrow 0 < x < \frac{1}{5}$; $f(x) < 0 \Leftrightarrow x < 0$ ou $x > \frac{1}{5}$; $f(x) = 0 \Leftrightarrow x = 0$ ou $x = \frac{1}{5}$

c) $f(x) = 0 \Leftrightarrow x = 3; f(x) > 0 \Leftrightarrow x \neq 3$

d) $f(x) = 0 \Leftrightarrow x = 5; f(x) < 0 \Leftrightarrow x \neq 5$

e) $f(x) > 0, \forall x \in \mathbb{R}$

f) $f(x) > 0 \Leftrightarrow x < \frac{15-\sqrt{33}}{16}$ ou $x > \frac{15+\sqrt{33}}{16}$; $f(x) < 0 \Leftrightarrow \frac{15-\sqrt{33}}{16} < x < \frac{15+\sqrt{33}}{16}$; $f(x) = 0 \Leftrightarrow x = \frac{15\pm\sqrt{33}}{16}$

11)Não existe $m \in \mathbb{R}$.

12)15

13)29 reais

14)$\frac{2}{5}$

15)C

Referências Bibliográficas

IEZZI, Gelson; DOLCE, Osvaldo; DEGENSZAJN, David; PÉRIGO, Roberto. **Matemática – Volume Único.** Atual Editora, 2002.

LIMA, Elon Lages; CARVALHO, Paulo Cézar Pinto; WAGNER, Eduardo; MORGADO, Augusto César. **A Matemática do Ensino Médio – Volume 1.** Coleção do Professor de Matemática. SBM, Nona Edição, 2006.

LIMA, Elon Lages. **Análise Real – Volume 1.** Coleção Matemática Universitária. SBM, Sétima Edição, 2004.

FIGUEIREDO, Djairo Guedes de. **Análise I.** Livros Técnicos e Científicos Editora. Segunda Edição, 1996.

HACK, Nilton F. R. **Álgebra – Uma Introdução.** EdiPucRS, 2009.

LEITHOLD, Louis. **O Cálculo com Geometria Analítica.** Editora Harbra. Terceira Edição, 1994.

Impressão e acabamento
Gráfica da Editora Ciência Moderna Ltda.
Tel: (21) 2201-6662